教育部 财政部职业院校教师素质提高计划职教师资培养资源开发项目

普通高等教育能源动力类系列教材

食品冷冻冷藏库施工安装与运行管理

主编　胡张保

参编　邢林芬

机械工业出版社

基于工作过程系统化课程开发方法，根据食品冷冻冷藏库的结构分类，本书设置了土建式冷库、装配式冷库、气调冷库三个学习领域。每个学习领域又分别设置了冷库建筑结构、冷库建筑施工、制冷系统的安装与调试、冷库运行管理四个实施步骤。通过本书的学习，学生很容易掌握这三种冷库的基本知识和操作技能。

　　本书为能源与动力工程专业职教师资本科培养的教材，也可作为高等院校相关专业教材和从事冷库施工安装与运行管理工作的工程技术人员的参考书。

　　本书配有电子课件，向授课教师免费提供，需要者可登录机械工业出版社教育服务网（www.cmpedu.com）下载。

图书在版编目（CIP）数据

食品冷冻冷藏库施工安装与运行管理/胡张保主编. —北京：机械工业出版社，2018.12（2023.9重印）

教育部、财政部职业院校教师素质提高计划职教师资培养资源开发项目
ISBN 978-7-111-61265-0

Ⅰ.①食… Ⅱ.①胡… Ⅲ.①食品冷藏-冷藏库-工程施工-高等职业教育-教材②食品冷藏-冷藏库-施工管理-高等职业教育-教材 Ⅳ.①TU249.8

中国版本图书馆CIP数据核字（2018）第249831号

机械工业出版社（北京市百万庄大街22号　邮政编码100037）
策划编辑：蔡开颖　责任编辑：蔡开颖　张丹丹　任正一
责任校对：佟瑞鑫　封面设计：张　静
责任印制：单爱军
北京虎彩文化传播有限公司印刷
2023年9月第1版第4次印刷
184mm×260mm·9印张·215千字
标准书号：ISBN 978-7-111-61265-0
定价：29.00元

电话服务　　　　　　　　　网络服务
客服电话：010-88361066　　机　工　官　网：www.cmpbook.com
　　　　　010-88379833　　机　工　官　博：weibo.com/cmp1952
　　　　　010-68326294　　金　书　网：www.golden-book.com
封底无防伪标均为盗版　机工教育服务网：www.cmpedu.com

出 版 说 明

《国家中长期教育改革和发展规划纲要（2010—2020 年)》颁布实施以来，我国职业教育进入加快构建现代职业教育体系、全面提高技能型人才培养质量的新阶段。加快发展现代职业教育，实现职业教育改革发展新跨越，对职业学校"双师型"教师队伍建设提出了更高的要求。为此，教育部明确提出，要以推动教师专业化为引领，以加强"双师型"教师队伍建设为重点，以创新制度和机制为动力，以完善培养培训体系为保障，以实施素质提高计划为抓手，统筹规划，突出重点，改革创新，狠抓落实，切实提升职业院校教师队伍整体素质和建设水平，加快建成一支师德高尚、素质优良、技艺精湛、结构合理、专兼结合的高素质专业化的"双师型"教师队伍，为建设具有中国特色、世界水平的现代职业教育体系提供强有力的师资保障。

目前，我国共有 60 余所高校正在开展职教师资培养，但由于教师培养标准的缺失和培养课程资源的匮乏，制约了"双师型"教师培养质量的提高。为完善教师培养标准和课程体系，教育部、财政部在"职业院校教师素质提高计划"框架内专门设置了职教师资培养资源开发项目，中央财政划拨 1.5 亿元，系统开发用于本科专业职教师资培养标准、培养方案、核心课程和特色教材等系列资源。其中，包括 88 个专业项目、12 个资格考试制度开发等公共项目。该项目由 42 家开设职业技术师范专业的高等学校牵头，组织近千家科研院所、职业学校、行业企业共同研发，一大批专家学者、优秀校长、一线教师、企业工程技术人员参与其中。

经过三年的努力，培养资源开发项目取得了丰硕成果。一是开发了中等职业学校 88 个专业（类）职教师资本科培养资源项目，内容包括专业教师标准、专业教师培养标准、评价方案，以及一系列专业课程大纲、主干课程教材及数字化资源；二是取得了 6 项公共基础研究成果，内容包括职教师资培养模式、国际职教师资培养、教育理论课程、质量保障体系、教学资源中心建设和学习平台开发等；三是完成了 18 个专业大类职教师资格标准及认证考试标准开发。上述成果，共计 800 多本正式出版物。总体来说，培养资源开发项目实现了高效益：形成了一大批资源，填补了相关标准和资源的空白；凝聚了一支研发队伍，强化了教师培养的"校—企—校"协同；引领了一批高校的教学改革，带动了"双师型"教师的专业化培养。职教师资培养资源开发项目是支撑专业化培养的一项系统化、基础性工程，是加强职教教师培养培训一体化建设的关键环节，也是对职教师资培养培训基地教师专业化培养实践、教师教育研究能力的系统检阅。

自 2013 年项目立项开题以来，各项目承担单位、项目负责人及全体开发人员做了大量深入细致的工作，结合职教教师培养实践，研发出很多填补空白、体现科学性和前瞻性的成果，有力推进了"双师型"教师专门化培养向更深层次发展。同时，专家指导委员会的各位专家以及项目管理办公室的各位同志，克服了许多困难，按照两部对项目开发工作的总体要求，为实施项目管理、研发、检查等投入了大量时间和心血，也为各个项目提供了专业的咨询和指导，有力地保障了项目实施和成果质量。在此，我们一并表示衷心的感谢。

编写委员会
2016 年 3 月

教育部高等学校中等职业学校教师培养教学指导委员会

项目专家指导委员会

前　　言

为了全面提高职教师资的培养质量，在"十二五"期间，教育部、财政部在职业院校教师素质提高计划的框架内专门设置了职教师资培养资源开发项目，系统开发用于职教师资本科专业的培养标准、培养方案、核心课程和特色教材等资源，目标是形成一批职教师资优质资源，不断提高职教师资培养质量，完善职教师资培养体系建设，更好地满足现代职业教育对高素质专业化"双师型"职业教师的需要。

本书是教育部、财政部职业院校教师素质提高计划职教师资培养资源开发项目的能源与动力工程专业项目（VTNE018）的核心成果之一。以职业教育专业教学论的视角，我们编写了这本针对能源与动力工程专业职教师资培养的特色教材，力求遵循职教师资培养的目标和规律，将理论与实践、专业教学与教育理论知识、高等学校的培养环境与职业学校专业师资的实际需求有机地结合起来，聚焦于培养职教师资本科学生的职业综合能力。本书是能源与动力工程职教师资本科专业培养的必修课教材，也是该专业的核心课程教材。本书具有鲜明的职业师范教育的特色、专业的独特性和一定的创新性，其具体特点如下：

1. 基于工作过程系统化理念安排教材框架结构。在教材内容安排上，打破了传统的学科体系教材框架结构。根据食品冷冻冷藏库的结构分类，本书设置了土建式冷库、装配式冷库、气调冷库三个学习领域，每个学习领域又分别设置了冷库建筑结构、冷库建筑施工、制冷系统的安装与调试、冷库运行管理四个实施步骤。整个教材思路清晰，浅显易学，通过学习，学生很容易掌握这三种冷库的基本知识和操作技能。

2. 内容集中，避免过于宽泛。食品冷冻冷藏所涉及的内容非常广泛，包括食品冷却冷冻工艺方法与装置、食品冷冻冷藏库、冷藏运输装置等。针对职教师资培养的特点，本书只选取了食品冷冻冷藏库作为介绍内容，力求做精做细，使学生能深入地掌握此部分技能，以便将来从事中职教育工作能快速上手。

3. 内容侧重于实践，理论部分做到够用即可。本书主要用于能源与动力工程专业职教师资的培养，学生毕业后主要从事中职学校的教育教学工作，对理论知识的深度要求不是很高，而对实践动手技能的要求则很高，这有别于常规的本科专业。因此，本书在设计、编写过程中舍弃了理论较深的内容，在理论内容的选取上本着将来够用即可，把教学的重点放在了实践技能培养部分，非常贴近学生将来的就业方向。

本书由郑州轻工业大学建筑环境工程学院胡张保任主编。参加本书编写的人员有胡张保（第1章1.1节、1.2节、1.3节，第2章）、郑州轻工业大学能源与动力工程学院邢林芬（第1章1.4节，第3章）。本书的编写得到了职教师资培养资源开发项目专家指导委员会刘来泉研究员、姜大源研究员、吴全全研究员、张元利教授、韩亚兰教授和沈希教授等专家学者的悉心指导和帮助。陕西科技大学曹巨江教授对本书的编写也给予了大力支持。郑州轻工业大学时阳教授在教材编写过程中给予了详细指导，并提出了非常有指导意义的建议。河南牧业经济学院隋继学教授在教材数字化资源录制中给予了大力支持，使得教材内容更加丰富和翔实。在此向他们表示衷心的感谢！

由于编者的知识水平和专业能力有限，本书难免有疏漏或不当之处，恳请使用和阅读本书的读者批评指正。

编　者

目　　录

第1章 土建式冷库

1. 基本内容

1）土建式冷库的建筑结构，包括要求、基础与承重结构、地坪、楼板、屋盖、防冷桥处理、库门等内容。

2）建筑施工准备、冷库建筑施工、隔热施工、防潮隔汽施工、冷库门制作与安装等。

3）制冷系统安装前的准备、制冷压缩机及制冷设备的安装、制冷管道的安装、吹污与系统压力试验、管路及设备隔热、制冷系统的调试等。

4）制冷系统安全运行管理、库房操作管理、库房卫生管理、冷库节能与科学管理等。

2. 基本目标

通过本章的学习，具备土建式冷库建筑施工、制冷系统安装与调试、冷库运行管理等系统的基本知识和操作技能，能从事土建式冷库的现场施工工作。

3. 基本要求

了解土建式冷库的建筑结构和冷库的安全运行与管理，并能掌握土建式冷库现场施工要点及制冷系统的安装调试方法，尤其要注意氨制冷剂的危险性及预防措施。

4. 本章重点及难点

1）本章重点：冷库墙体、地坪的结构及处理方法；制冷压缩机及制冷设备的安装；制冷管道的布置与安装；制冷系统的气密性试验和调试；库房操作管理和库房卫生管理等。

2）本章难点：冷库隔热及防潮隔汽施工；确定隔热层的厚度；氨制冷系统安全运行管理等。

1.1 冷库建筑结构

在建筑物中支承外载荷的构架或构件，如基础、柱、墙、梁、板、屋面等组成的体系，称为建筑结构。冷库是低温仓储建筑，对建筑结构有特殊的要求。

1.1.1 冷库建筑对结构和建材的要求

冷库是一类较特殊的建筑，其特点与一般工业和民用建筑不同，因此对其结构和建材的要求也不同。

1. 冷库建筑的结构特点

冷库建筑的结构特点可归结为以下四点：

1）冷库是堆放大量货物的仓库类建筑，又需各种装卸或运输机械设备在库内作业，故要求结构刚度大、承载力大。

2）为了降低冷库的耗冷量，减小库温波动，防止围护结构内产生冻结，对结构的隔热和防潮隔汽要求很高。为此，围护结构中需设隔热层和防潮隔汽层，穿透隔热层和防潮隔汽层的构件需进行防冷桥和防蒸汽渗透处理。

3）冷库建筑的构件大多处于低温高湿环境中，有的还要承受周期性的冻融循环，这就要求构件和材料有足够的强度和抗冻能力。

4）若地基或地坪下的土壤冻结，会产生冻胀而导致上部建筑变形或破坏，所以冷库地坪需专门处理，如架空地坪、设通风管或加热管等。

2. 对结构和建材的要求

根据冷库建筑的结构特点，库房结构应考虑温差变形问题，采取相应的措施。对于结构和建材，GB 50072—2010《冷库设计规范》做出了较详细的规定。

（1）一般规定

1）冷间宜采用钢筋混凝土结构或钢结构，也可采用砌体结构。

2）冷间结构应考虑所处环境温度变化作用产生的变形及内应力影响，并采取相应措施减少温度变化作用对结构引起的不利影响。

3）冷间采用钢筋混凝土结构时，伸缩缝的最大间距不宜大于 50m。如有充分依据和可靠措施，伸缩缝最大间距可适当增加。

4）冷间顶层为阁楼时，阁楼屋面宜采用装配式结构。当采用现浇钢筋混凝土屋面时，伸缩缝最大间距可按表 1-1 采用。

表 1-1　现浇钢筋混凝土阁楼屋面伸缩缝最大间距

序号	屋面做法	伸缩缝最大间距/m
1	有隔热层	45
2	无隔热层	35

注：当有充分依据或可靠措施，表 1-1 中数值可以增加。

5）当冷间阁楼屋面采用现浇钢筋混凝土楼盖，且相对边柱中心线距离大于或等于 30m 时，边柱柱顶和屋面梁宜采用铰接。

6）当冷间底层为架空地面时，地面结构宜采用预制梁板。

7）当冷库外墙采用自承重墙时，外墙与库内承重结构之间每层均应可靠拉结，设置锚系梁。锚系梁间距可为 6m，墙角处不宜设置。墙角砌体应适当配筋且墙角至第一个锚系梁的距离不宜小于 6m。设置的锚系梁应能承受外墙的拉力和压力。抗震设防烈度为 6 度及 6 度以上，外墙应设置钢筋混凝土构造柱及圈梁。

8）冷间混凝土结构的耐久性应根据表 1-2 的环境类别进行设计。

表 1-2　混凝土结构的环境类别

环境类别	名　　称	条　　件
二 a	0℃及以上温度库房、0℃及以上温度冷加工间、架空式地面防冻层等	室内潮湿环境
二 b	0℃以下冷间	低温环境
三	盐水制冰间	轻度盐雾环境

9）冷间钢筋混凝土板每个方向全截面最小温度配筋率不应小于 0.3%。

10）0℃以下的低温库房承重墙和柱基础的最小埋置深度，自库房室外地坪向下不宜小于 1.5m，且应满足所在地区冬季地基础冻胀和融陷影响对基础埋置深度的要求。

11）软土地基应考虑库房地面大面积堆载所产生的地基不均匀变形对墙柱基础、库房地面及上部结构的不利影响。

12）抗震设防烈度6度及6度以上的板柱-剪力墙结构，柱上板带上部钢筋的1/2及全部下部钢筋应纵向连通。

（2）荷载

1）冷库楼面和地面结构均布活荷载标准值及准永久值系数应根据房间用途按表1-3的规定采用。

表1-3　冷库楼面和地面结构均布活荷载标准值及准永久值系数

序号	房间名称	均布活荷载标准值/(kN/m²)	准永久值系数
1	人行楼梯间	3.5	0.3
2	冷却间、冻结间	15.0	0.6
3	运货穿堂、站台、收发货间	15.0	0.4
4	冷却物冷藏间	15.0	0.8
5	冻结物冷藏间	20.0	0.8
6	制冰池	20.0	0.8
7	冰库	9×h	0.8
8	专用于装隔热材料的阁楼	1.5	0.8
9	电梯机房	7.0	0.8

注：1. 本表第2~7项为等效均布活荷载标准值。

2. 本表第2~5项适用于堆货高度不超过5m的库房，并已包括1000kg叉车运行荷载在内，当贮存冰蛋、桶装油脂及冻分割肉等密度大的货物时，其楼面和地面活荷载应按实际情况确定。

3. h为堆冰高度（m）。

2）当单层库房冻结物冷藏间堆货高度达6m时，地面均布活荷载标准值可采用30kN/m²。单层高货架库房可根据货架平面布置和货架层数按实际情况计算取值。

3）楼板下有吊重时，可按实际情况另加。

4）冷库吊运轨道结构计算的活荷载标准值及准永久值系数应按表1-4的规定采用。

表1-4　冷库吊运轨道活荷载标准值及准永久值系数

序号	房间名称	标准值/(kN/m)	准永久值系数
1	猪、羊白条肉	4.5	0.6
2	冻鱼（每盘15kg）	6.0	0.75
3	冻鱼（每盘20kg）	7.5	0.75
4	牛两分胴体轨道	7.5	0.6
5	牛四分胴体轨道	5.0	0.6

注：本表数值包括滑轮和吊具重量。

5）当吊运轨道直接吊在楼板下，设计现浇或预制梁板时，应按吊点负荷面积将表1-4数值折算成集中荷载；设计现浇板柱-剪力墙时，可折算成均布荷载。

6）四层及四层以上的冷库及穿堂，其梁、柱和基础活荷载的折减系数宜按表1-5的规定采用。

表 1-5 冷库和穿堂梁、柱及基础活荷载的折减系数

项 目	结构部位		
	梁	柱	基础
穿堂	0.7	0.7	0.5
库房	1.0	0.8	0.8

7）制冷机房操作平台无设备区域的操作荷载（包括操作人员及一般检修工具的重量），可按均布活荷载考虑，采用 $2kN/m^2$。设备按实际载荷确定。

8）制冷机房设置于楼面时，设备荷载应按实际重量考虑，楼面均布活荷载标准值可采用 $8kN/m^2$。压缩机等振动设备动力系数取 1.3。

（3）建材

1）冷间内采用的水泥应采用普通硅酸盐水泥，或采用矿渣硅酸盐水泥，不得采用火山灰质硅酸盐水泥和粉煤灰硅酸盐水泥。不同品种水泥不得混合使用，同一构件不得使用两种以上品种的水泥。

2）冷间内砖砌体应采用强度等级不低于 MU10 的烧结普通砖，并应用水泥砂浆砌筑和抹面。砌筑用水泥砂浆强度等级应不低于 M7.5。

3）冷间用的混凝土如需提高抗冻融破坏能力时，可掺入适宜的混凝土外加剂。

4）冷间内钢筋混凝土的受力钢筋宜采用 HRB400 级和 HRB335 级热轧钢筋，也可采用 HPB235 级热轧钢筋。冷间钢结构用钢除应符合上述要求外，还应符合现行国家标准 GB 50017—2003《钢结构设计规范》的规定。

1.1.2 基础与承重结构

承重结构承受冷库的全部荷载及其自重，并通过基础传给地基。由于冷库建筑存在较大的温度应力和冻结问题，基础与承重结构有明显的特点。

基础是冷库建筑结构最下层的构筑物，基础支承主承重结构。在基础的下面支承基础的土石层是地基。

1. 地基

根据地质条件和地耐力的不同，冷库所用的地基有人工地基和天然地基两类。

（1）天然地基　当地基有较高的耐力，无需人工加固即可使用时，称为天然地基。冷库所使用天然地基仅有以下少数几种。

1）岩石地基。岩石地基有火成岩、水成岩和变质岩等几种，其承载力极高，通常为 1000~4000kPa。

2）碎石地基。碎石地基为土中夹杂风化破碎岩石或未完全发育沉积岩土层，其承载力通常为 200~800kPa。

（2）人工地基　在大多数情况下，冷库的地基为人工地基，即人工加固的地基。常见的地基和加固方法有以下几种。

1）砂质土地基。砂质土地基是由土粒与粒径 0.05~2 mm 砂粒混合的地基，其承载力为 100~400kPa。常采用的加固方法为素土夯实或加石灰夯实。

2）黏性土地基。黏性土地基由粒径在 0.05mm 以下的土粒组成，其承载力为 80~240kPa。常采用的加固方法为加石灰和粗砂夯实。

3）回填土地基。这种地基是在原来的坑塘、河床、低洼地之上，由松散土、建筑垃圾、生活垃圾及杂物等堆填而成，如不进行人工处理，不能够作为冷库地基。这种地基常用的处理方法为打钢筋混凝土桩，应根据弱土层以下的地层情况，选择支承桩或摩擦桩。

4）流砂层地基。这种地基由故河道形成，如不进行人工处理，不能够作为冷库地基。常用的处理方法与回填土地基相同。

由于打桩地基工程造价高，当冷库规模为中型及以下时，一般情况下应改变库址，而不采用打桩地基。

2. 基础

冷库的基础承受全部冷库建筑荷载，并将其均匀地传给地基。冷库基础的结构形式与断面尺寸应与作用在其上的荷载及地基承载力相适应，应有良好的抗冻、抗浸及抗侵蚀性能。

冷库的基础有多种形式，按构造不同可分为单独基础、条形基础、板式基础和箱形基础；按所使用的建筑材料不同可分为灰土砖基础、毛石基础和钢筋混凝土基础；按施工和连接方法不同可分为装配式、半装配式和整体式。

冷库建筑最主要的基础是柱基础，几乎全部荷载都作用在其上。采用单独基础构造的柱基础如图1-1所示，根据所使用建筑材料的不同，可以是灰土砖基础、毛石基础、钢筋混凝土基础等。灰土砖基础用于土层均匀、地基承载力为80～400kPa的地基，冷库建筑为单层的情况，其断面形式呈梯形。毛石基础用水泥砂浆砌筑毛石料而成，其断面形式也是梯形，用于土层均匀、承载力为80～400kPa的地基，冷库建筑为单层或两层的地区。钢筋混凝土锥形基础用于地基承载力较大、土层均匀、冷库建筑为两层以下的场合。钢筋混凝土桩基础用于回填等持力层在地面下很深、冷库建筑为五层以下的场合。

条形基础如图1-2所示，所使用的建筑材料为钢筋混凝土，适用于存在不严重的不均匀

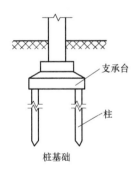

图1-1 单独基础

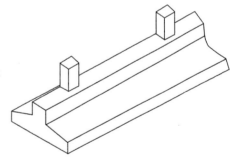

图1-2 条形基础

沉降、地基承载力小而基础荷载较大的场合。将条形基础纵横排布，将柱置于交点相连处，即形成网状条形基础，可用于地基承载力较小、冷库为多层建筑的场合。

板式基础是一种整体基础，又称满堂基础，如图1-3所示。目前常用的是无梁式板式基础。板式基础为混凝土整体现浇，承载能力强，适用于地基土层分布较均匀但承载力小，且冷库为六

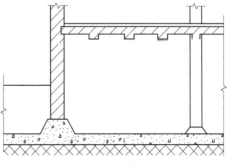

图1-3 板式基础

层以上的场合。

箱形基础为整体混凝土现浇地下室式基础，其承载能力极强，适用于地基土层承载力分布不均匀、有可能出现不均匀沉降、地基承载力小且冷库为六层以上的场合，如图1-4所示。

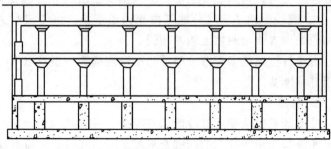

图 1-4　箱形基础

由于板式基础和箱形基础材料消耗大、制作要求高、工程造价高，在能采用其他基础时不应采用这两种基础。

冷库的墙基础为外墙基础和其他承重墙基础，其结构形式与柱基础有关。当采用板式基础或箱形基础时，已经包含了墙基础，无需另做。当采用条形基础时，墙基础由主承重结构的悬臂长度而定。如边柱为短悬臂，则将边柱的条形基础加宽，外墙与边柱共用。当采用条形基础且边柱为长悬臂或是单独基础时，承重墙应另做连续条形基础。

冷库建筑的基础强度、刚度、埋深计算以及基础设计应依据 GB 50007—2011《建筑地基基础设计规范》进行。

3. 柱和梁

柱和梁是冷库建筑的主要承重结构，有梁板式和无梁楼盖式两种结构形式。

梁板式结构如图1-5所示，多用于单层冷库。在这种结构中，柱在主梁之下支承主梁，主梁在次梁之下支承次梁，次梁在板下支承板，施工多采用预制装配的方法。梁板式结构施工方便、技术简单，但主梁底至板底的空间无法利用，梁与板之间的缝隙中易滋生霉菌。

无梁楼盖式结构如图1-6所示，常用于多层冷库。无梁楼盖式结构采用同一厚度的板，板底置于柱上。柱由柱体和柱帽两部分构成，柱帽将柱的支承面放大，减小了板的计算跨度和挠度，提高了整体刚度。冷库常使用的柱帽为有折线型柱帽或有顶板型柱帽。无梁楼盖式结构多用现浇钢筋混凝土或升板法施工，技术复杂，施工周期长。优点是库内空间利用率高，气流容易组织。

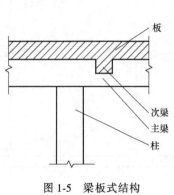

图 1-5　梁板式结构

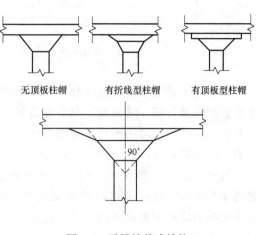

图 1-6　无梁楼盖式结构

冷库所用柱子应是钢筋混凝土柱，其截面应为正方形，以便于敷设隔热层。采用无梁楼盖式结构时，柱网应为正方形网格布置，边柱上的板应外伸形成悬臂，以改善板与柱的受力情况，并减少柱的数量。采用梁板式结构时，柱网可以是正方形网格，也可以是长方形网格。

在采用砖砌体外墙的多层冷库中，当外墙高度大于12m时，砖砌体外墙难以保证所需的刚度。为此，在外墙中与每层楼板平齐部位需加设一圈与外墙等宽、高为250mm的现浇钢筋混凝土圈梁，每隔3m用锚系梁锚固于同层无梁楼板上，以提高外墙的稳定性及抗风、抗震、抗温度应力的能力。

对于主要承重结构，国家发布了多个规范和规定，如GB 50010—2010《混凝土结构设计规范（2015年版）》、GBJ 130—1990《钢筋混凝土升板结构技术规范》等，根据具体情况遵照执行。

4. 墙体

冷库的墙体有围护墙和隔断墙两类。围护墙起围出被冷却空间、保护隔热层、防止外界风雨侵蚀等作用，隔断墙起分隔冷间的作用。

围护墙由外围护墙、防潮隔汽层、隔热层及内衬墙构成，常通称为外墙。

外围护墙通常为自承重墙，有砖砌体外墙、预制大板外墙、预制钢筋混凝土外墙和现浇钢筋混凝土外墙等几种。在冷库中最常用的是前两种。多层冷库采用砖砌体外墙时，应采用370mm墙体，单层或两层冷库应采用240mm外墙。为防止温度应力拉裂墙角，墙角处应砌成圆弧，并应适当配筋。

隔热层可以是块状或板状隔热材料的砌体，也可以由松散材料填装而成。不同内衬墙的松散隔热材料围护墙墙体构造如图1-7所示。块状隔热材料围护墙墙体构造如图1-8所示。

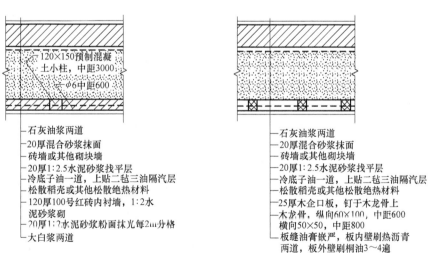

a)   b)

图1-7　不同内衬墙的松散隔热材料围护墙墙体构造

a）砖内衬墙　b）木板内衬墙

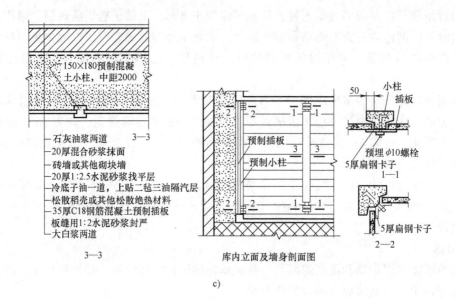

石灰油浆两道
20厚混合砂浆抹面
砖墙或其他砌块墙
20厚1:2.5水泥砂浆找平层
冷底子油一道，上贴二毡三油隔汽层
松散稻壳或其他松散绝热材料
35厚C18钢筋混凝土预制插板
板缝用1:2水泥砂浆封严
大白浆两道

3—3

库内立面及墙身剖面图

c)

图1-7 不同内衬墙的松散隔热材料围护墙墙体构造（续）
c）混凝土插板内衬墙

内衬墙也有多种，不同的内衬墙有不同的适用场合。砖砌内衬墙适用于常年连续使用且温度变化不大的一般冷库；钢筋混凝土小柱插板内衬墙由于其抗冻性好于砖墙，适用于季节性生产库温变化较大的冷库，如水产库等；人造板内衬墙适用于小型、单层冷库，如简易库、食堂自备库等。

采用砖砌内衬墙和块状或板状隔热材料砌体隔热层时，隔热层可以采用外贴法施工，即先砌好内墙，隔热层贴在内墙外侧，防潮隔汽材料贴于隔热层外侧，留出一定间隙后再砌外围护墙。如为其他内墙，隔热层应采用内贴法施工，即先砌外围护墙，防潮隔汽层贴在外围护墙内侧，隔热层贴于防潮隔汽材料内侧，最后砌内墙。如采用松散隔热材料，应先砌外围护墙，防潮隔汽层贴在外围护墙内侧，然后砌内墙，最后填入隔热材料。

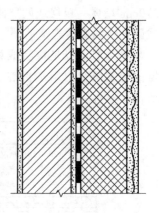

图1-8 块状隔热材料围护墙墙体构造

隔断墙又称内墙，按其两侧冷间的温度，分别使用不同的类型。当内墙两侧冷间温度差小于5℃或两侧冷间温度均为0℃以上时，不需要设隔热层，其形式可以是120mm砖墙或240mm砖墙，也可以是钢筋混凝土小柱插板墙。

如内墙两侧冷间温度差大于5℃且一侧冷间温度为0℃以下时，需加设隔热层和防潮隔汽层，此时内墙的形式可以是120mm砖墙或240mm砖墙、块状隔热材料砌体墙，也可以是板状隔热材料整体墙，如图1-9所示。当内墙两侧冷间温度较稳定时，只在内墙隔热层热侧单面设防潮隔汽层。若两侧冷间温度波动较大，有可能出现冷热侧转换，则两侧均需设防潮隔汽层。

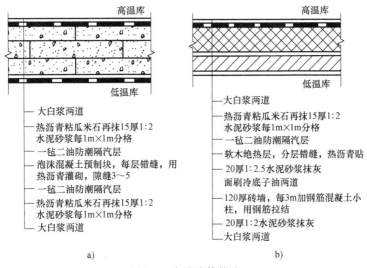

图 1-9 内墙墙体构造

a）隔热砌块内墙　b）软木隔热内墙

1.1.3 地坪、楼板与屋盖

冷库的地坪应能承受一定的荷载，具有良好的隔热和防潮隔汽性能，并能避免地坪以下的土壤冻结。

1. 低温冷间的地坪

对于冷间温度在 0℃ 及以下的冷却物冷藏间、冻结物冷藏间、冷却间、冻结间、贮冰间等，地坪设计应按低温冷间来考虑。

当地坪以下的土壤温度在 0℃ 以下，土壤中的水分会产生冻结。靠近外墙处冻结深度较浅，而库房中部冻结较深，冻结面为抛物面。如土壤能输送水分（如粉质亚砂土、粉质亚黏土等细粒土壤），并有地表水或地下水作为水分的供给来源，则冻结深度会越来越深。由于冰的密度较水小，冻结后体积增大，使地坪鼓起，基础被抬升，造成冷库建筑破坏，这种现象称为冻胀。为避免出现冻胀，需向土壤补充热量，具体做法有以下几种，其构造如图 1-10 所示。

（1）架空地坪和半架空地坪　架空地坪是用柱子和基础梁将地坪架空。这种地坪防冻效果最好，同时还具有防水的作用，但造价也最高。半架空地坪是用地垄墙将地坪架空，这种地坪兼具架空地坪和埋设自然通风管地坪的优点，适合于中小型冷库。

（2）埋设自然通风管地坪　在地坪下埋设水泥管，使环境空气通过管道自然对流，以向土壤补充热量。这种地坪造价最低，也最常用，但不宜用于寒冷地区。水泥管的直径应大于 $\phi200mm$，其两端之间总长度应不大于 30m，相邻管道中心距应不大于 1.2m。在长度的一半处应有分水线，有不小于 1：200 的排水坡度。其具体构造如图 1-11 所示。

（3）机械通风地坪　在地坪内埋设机械通风管，用鼓风机强制送风。冬天送热风，夏天送自然风。这种地坪加热方法可用于寒冷地区，使用安全可靠，但运行维护费用较高。

（4）载热剂加热地坪　在地坪中埋设蛇形载热剂管，用泵强制被加热的载热剂在管内流动，这种地坪适用于寒冷、地下水位较高或不易排除凝结水的地区。地坪造价低，库内外高差小，但运行维护费用较高。所用载热剂通常为油、乙二醇等。所用油管为 $\phi38mm$ 钢管，

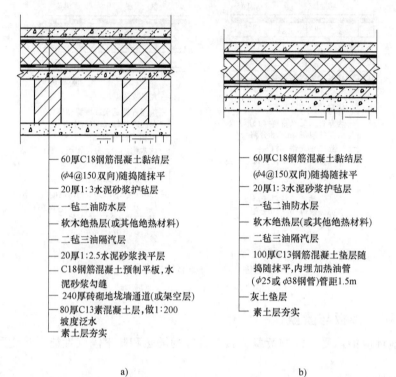

—60厚C18钢筋混凝土黏结层
（φ4@150双向）随捣随抹平
—20厚1:3水泥砂浆护毡层
—一毡二油防水层
—软木绝热层(或其他绝热材料)
—二毡三油隔汽层
—20厚1:2.5水泥砂浆找平层
—C18钢筋混凝土预制平板，水
泥砂浆勾缝
—240厚砖砌地垄墙通道(或架空层)
—80厚C13素混凝土层，做1:200
坡度泛水
—素土层夯实

a)

—60厚C18钢筋混凝土黏结层
（φ4@150双向）随捣随抹平
—20厚1:3水泥砂浆护毡层
—一毡二油防水层
—软木绝热层(或其他绝热材料)
—二毡三油隔汽层
—100厚C13钢筋混凝土垫层随
捣随抹平，内埋加热油管
（φ25或φ38钢管)管距1.5m
—灰土垫层
—素土层夯实

b)

—60厚C18钢筋混凝土黏结层
（φ4@150双向）随捣随抹平
—20厚1:3水泥砂浆护毡层
—一毡二油防水层
—软木绝热层(或其他绝热材料)
—二毡三油隔汽层
—20厚1:2.5水泥砂浆找平层
—50厚C13混凝土预制平板，水
泥砂浆勾缝
—中砂垫层400～500厚，内埋φ250
内径水泥管或缸瓦管，中距1～1.2m，
1:200坡度泛水
—素土层夯实

c)

—60厚C18钢筋混凝土黏结层
（φ4@150双向）随捣随抹平
—20厚1:3水泥砂浆护毡层
—一毡二油防水层
—软木绝热层(或其他绝热材料)
—二毡三油隔汽层
—100厚C13钢筋混凝土垫层，随
捣随抹平，内埋钢筋(φ12)做电
加热器，间距500～750
—80厚灰土垫层
—素土层夯实

d)

图 1-10　低温冷间地坪

a) 架空地坪　b) 加热油管地坪　c) 自然通风管地坪　d) 电加热地坪

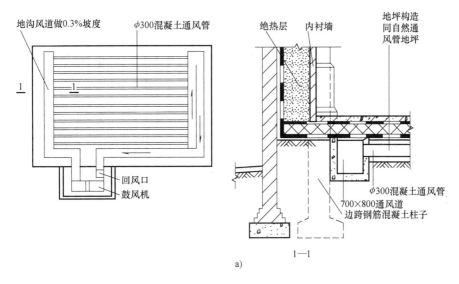

a)

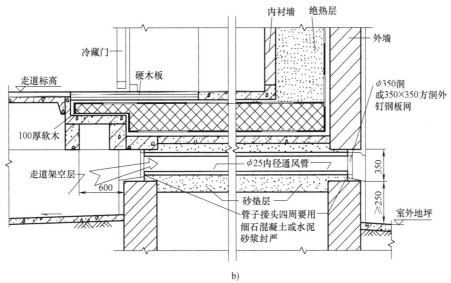

b)

图 1-11　埋设通风管地坪具体构造

a) 机械通风地坪管道平面布置及构造　b) 自然通风管进出口及墙接头处构造

试漏压力为 0.6kPa，管中距为 1.2~1.5m，每一根蛇形管均要用液体试验，确保通畅。

（5）电加热地坪　在地坪中按间距 500~700mm 埋设 ϕ10mm 的钢筋，通 24V 或 36V 低压电加热。

目前在冷库中，埋设自然通风管地坪最为常用，架空地坪、半架空地坪在特定条件下也有应用。

为了防止库内地面水分、地表水、地下水和水蒸气渗入隔热层，地坪隔热层的四周均要设置防潮隔汽层。由于地坪防潮隔汽层维修非常困难，因此地坪防潮隔汽层的蒸汽渗透阻应大于外墙防潮隔汽层，施工时也应非常小心。

地坪隔热层需承受荷载，所用隔热材料最好是碳化软木，如用泡沫塑料，则抗压强度应不小于 0.25MPa，且在库温下不能有冷缩。

2. 高温冷间的地坪

高温冷间的地坪构造如图 1-12 所示。

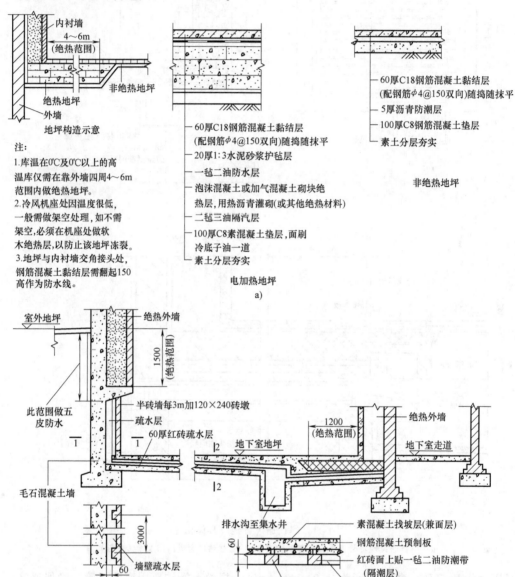

注：
1.库温在0℃及0℃以上的高温库仅需在靠外墙四周4～6m范围内做绝热地坪。
2.冷风机座处因温度很低，一般需做架空处理，如不需架空，必须在机座处做软木绝热层,以防止该地坪冻裂。
3.地坪与内衬墙交角接头处，钢筋混凝土黏结层需翻起150高作为防水线。

电加热地坪构造各层（a图左侧）：
—60厚C18钢筋混凝土黏结层（配钢筋φ4@150双向）随捣随抹平
—20厚1:3水泥砂浆护毡层
—一毡二油防水层
—泡沫混凝土或加气混凝土砌块绝热层,用热沥青灌砌(或其他绝热材料)
—二毡三油隔汽层
—100厚C8素混凝土垫层,面刷冷底子油一道
—素土分层夯实

电加热地坪

非绝热地坪构造（a图右侧）：
—60厚C18钢筋混凝土黏结层（配钢筋φ4@150双向）随捣随抹平
—5厚沥青防潮层
—100厚C8钢筋混凝土垫层
—素土分层夯实

非绝热地坪

a)

1500（绝热范围）
室外地坪
绝热外墙
此范围做五皮防水
半砖墙每3m加120×240砖墩
疏水层
60厚红砖疏水层
毛石混凝土墙
3000
60
墙壁疏水层
墙壁疏水层构造

1200（绝热范围）
地下室地坪
排水沟至集水井
红砖平放
绝热外墙
地下室走道
素混凝土找坡层(兼面层)
钢筋混凝土预制板
红砖面上贴一毡二油防潮带(隔潮层)
疏水层做1%坡,坡向排水沟
60
地坪疏水层构造

注：
以地下室作为高温库时，其需要做绝热处理的范围：
1.凡地下室的走道穿堂与库房相连的墙体,应为绝热外墙,距绝热外墙1.2m的范围内地坪需做绝热处理(见图示)。
2.地下室地坪与室内地坪高差>2.5m时,与室外地坪相连的外墙,其绝热处理的范围只做到室外地坪标高以下1.5m处即可,并要切实做好防水防潮处理,以保证地下室的干燥。

b)

图 1-12　高温冷间的地坪构造

a）高温库地坪构造　b）地下室作为高温库的隔热与防水构造

对于大中型冷库中0℃以上的冷间，其地坪可以仅在靠外墙6m的范围内，以及非架空冷风机座之下做隔热层，中间部位可只做普通地坪。小型冷库可用炉渣做隔热层，上面做普通地坪。

在地下水位较低的地区，大中型冷库可以用地下室作为高温冷间，此时距外墙隔热层1.2m的范围内以及非架空冷风机之下应做地坪隔热层。如地下室上方为低温冷间，则顶板隔热层必须有足够的厚度，以防顶板产生凝水和地下室温度过低。用地下室作为高温冷间时，地下室地坪需有疏水措施，且应有去湿设备，或是库内冷却设备能按去湿方式运行，以防地下室内湿度过高。

3. 楼板

楼板的厚度由楼板的荷载决定。如果楼上的冷间是冻结物冷藏间，计算荷载按25kPa取值。如果楼上的冷间是冷却物冷藏间，计算荷载按20kPa取值。阁楼楼板计算荷载按13kPa取值。

当上下层冷间温差小于5℃时，楼板无需进行隔热处理。当上下层冷间温差大于5℃时，楼板需做隔热层。根据楼板与隔热层的位置关系，隔热楼板的结构和施工方法有上铺法和下贴法两种，其构造如图1-13所示。对于梁板式结构，应采用上铺法。如为无梁楼板结构，两种方法均可，但上铺法施工较简单。

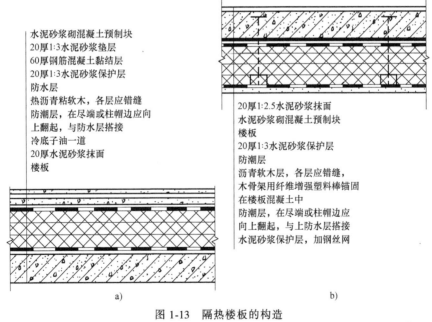

图 1-13　隔热楼板的构造

a）上铺法　b）下贴法

4. 屋盖

屋盖是冷库顶部的外围护结构，其作用是在隔热的同时防止风、雨、雪的侵蚀。根据屋盖的结构，可将其分成两类。如防水结构与隔热结构是一体的，称为整体式隔热屋盖。如将防水结构与隔热结构分开，上面是普通防水屋盖，下面用一层阁楼来铺隔热材料，则称为阁楼式隔热屋盖。

整体式隔热屋盖的结构如图1-14所示，由屋面板、隔热层、防水隔汽层、架空护面层等组成。与隔热楼板一样，隔热层的施工有上铺法和下贴法两种。

上铺法隔热屋盖施工简单方便，造价较低。但由于隔热层上面仅有防水隔汽层和架空护面层，蒸汽渗透阻小；防水隔汽层上面局部受压，下面的

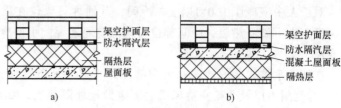

图 1-14　整体式隔热屋盖的结构

a）上铺法隔热屋盖结构　b）下贴法隔热屋盖结构

隔热材料又较软，易老化开裂；屋盖隔热层与外墙隔热层不连通，冷桥处理困难；隔热层受潮后翻修工程量大。在冷库屋盖设计时，应尽可能不用上铺法。

下贴法隔热屋盖以屋面防水层与钢筋混凝土屋面板共同构成防水隔汽层，屋面防水层与普通建筑一样，强度高，易维修，避免了上铺法的缺点，热工性能好，但隔热层施工较困难，造价较高。采用下贴法隔热屋盖时，屋面板应采用空心板或平面板，不使用槽形屋面板，自重较大。隔热材料应采用板状隔热材料型材，不能用松散材料。

阁楼式隔热屋盖是由于使用松散隔热材料而发展起来的一种冷库屋盖结构，在我国应用广泛。阁楼式隔热屋盖有三种结构形式：全封闭式、半封闭式和开敞式。由于开敞式结构的阁楼隔热屋盖的防潮隔汽层制作容易、隔热层与外墙隔热层相连、成本低，所以目前阁楼式隔热屋盖几乎全是开敞式结构，如图 1-15 所示。

开敞式结构的阁楼隔热屋盖仅在外墙与阁楼的交接处设防潮隔汽层，形成密封带，使水蒸气不能进入外墙隔热层；其余部分均不做防潮隔汽，形成开敞结

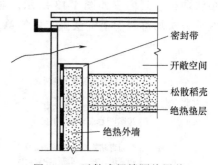

图 1-15　开敞式阁楼隔热屋盖

构。松散隔热材料直接倒在阁楼板上，阁楼层与屋盖之间自然通风，一方面自然干燥隔热材料，另一方面带走一部分由太阳辐射产生的得热，降低阁楼层温度。

1.1.4　防冷桥处理

在冷库围护结构隔热层中，如有热导率较隔热材料大得多的构件穿过，会使隔热结构形成短路，这种现象称为冷桥。冷桥构件不仅向库内传递了较多的热量，构件本身的温度也较低，会产生凝露或结霜，对隔热和防潮隔汽结构有非常大的损害，严重时会产生冻融循环，破坏建筑结构。防止冷桥出现和减小其危害的措施称为防冷桥处理。

1. 墙的防冷桥处理

在结构设计时，外墙隔热层不应被除锚系梁外的其他构件穿透，内隔墙隔热层应与外墙、地坪隔热层相连。如库房上的梁板是连续的，内墙隔热层应向楼板转折至梁、板下距墙 1.2~1.5m 处。

在管道穿墙的部位，应按图 1-16 进行防冷桥处理。

2. 柱的防冷桥处理

穿过隔热层的柱应做防冷桥处理。当柱穿过半架空地坪时，防冷桥处理的结构如图 1-17 所示，上端面缝口应注意用防水密封胶严密堵口。当柱穿过埋设自然通风管地坪时，除按

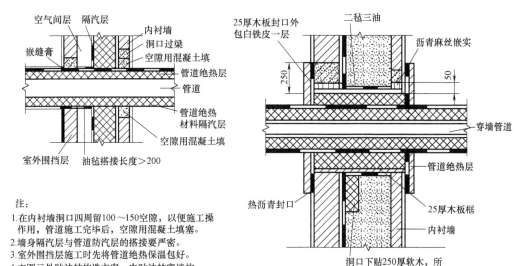

注:
1. 在内衬墙洞口四周留100～150空隙,以便施工操作用,管道施工完毕后,空隙用混凝土填塞。
2. 墙身隔汽层与管道防汽层的搭接要严密。
3. 室外围挡层施工时先将管道绝热保温包好。
4. 本图示外贴法的构造方案,内贴法的穿墙构造可参考松散材料外墙的穿墙洞构造。

图 1-16 管道穿墙构造

a) 块、板状隔热材料时 b) 松散隔热材料时

图 1-17 进行防冷桥处理外,柱脚两侧都应布置通风管,以免柱基下土壤冻结。如柱穿过隔热楼板或阁楼楼板,也应进行防冷桥处理,结构与图 1-17 相似。

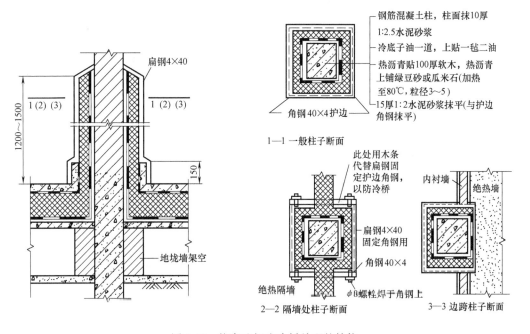

图 1-17 柱穿地坪防冷桥处理的结构

3. 融霜排水管的隔热处理

穿过冻结间或冻结物冷藏间地坪隔热层的融霜排水管在地坪中和地坪以下都必须进行防冷桥处理,防止地坪以及土壤冻结,其结构如图 1-18 所示。自地坪外计算,包裹隔热层的

长度至少应为 1500mm。如融霜排水管穿过冷却物冷藏间或其他高温冷间，也必须在管外包隔热层，以防产生凝结水。

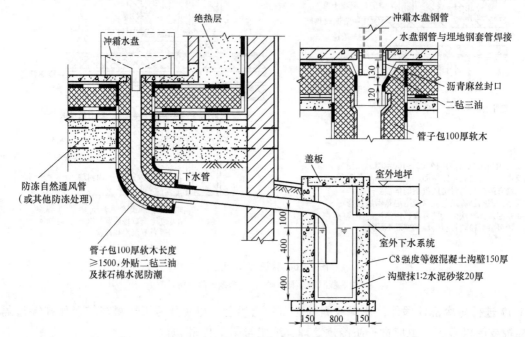

图 1-18　融霜排水管穿地坪的隔热处理

1.1.5　库门

库门是冷间的出入口，也是冷库围护结构的可移动部分。由于库门与生产和隔热两方面有关，因此库门应符合隔热性能好、坚固耐用、开启关闭轻便灵活、门扇与门楗之间无冻结现象等几个要求。在冷库设计中，库门及门楗的结构应与库门的特点及要求相符。

1. 库门的形式与尺寸

根据门扇的运动方式，库门可分为推拉门和旋转门两种。推拉门的门扇为平移运动，旋转门的门扇为圆弧运动。由于驱动力的不同，库门可分为电动式和手动式。库门的开启方向也有左开和右开之分。设计时应根据生产工艺的要求以及门的大小来选择不同的形式。

库门的名义尺寸指库门洞口净空，库门其他尺寸参数均与洞口净空有关。洞口净空尺寸取决于运输方式，即在库门中通行的车辆种类，设计时按表 1-6 和表 1-7 确定。

表 1-6　手动库门尺寸推荐值　　　　　　　　　[（宽/mm）×（高/mm）]

运输方式	运动方式	墙体洞口	门洞净空	门扇尺寸	门扇数量
手推车	旋转	1200×2100	900×1950	1050×2000	1
	旋转	1500×2100	1200×1950	1350×2000	1
	推拉	1500×2100	1200×1950	1350×2000	1
蓄电池铲车	旋转	1800×2400	1500×2250	1650×2300	1
	推拉	1800×2400	1500×2250	1650×2300	1
	推拉	1800×2700	1500×2500	1650×2550	1
	推拉	2100×2700	1500×2500	1950×2550	1
吊轨	旋转	1500×2700	1200×2550	大扇 1350×2000、小扇 400×580	
	推拉	1500×2700	1200×2550	1350×2550	1

表 1-7　电动库门尺寸推荐值　　　　　　　[（宽/mm）×（高/mm）]

形式	门洞净空尺寸系列				
单扇	900×2000	1200×2000	1200×2500	1500×2200	1500×2700
双扇	1600×2200	1200×2500	1800×2500	1600×2700	1800×2700

目前，冷库门在国内已经有多家生产厂商生产系列化定型产品，门扇厚度大多为 100～130mm，防冻均采用电加热，适用于库温在−30℃以上，相对湿度小于 80% 的场合。设计时可按生产厂商的产品样本选用，但土建库的门樘需在施工现场制作。

2. 门洞

门洞与门樘构造如图 1-19 所示。电加热丝及密封条的安装如图 1-20 所示。当库温在 0℃ 以上时，不必安装电加热丝。

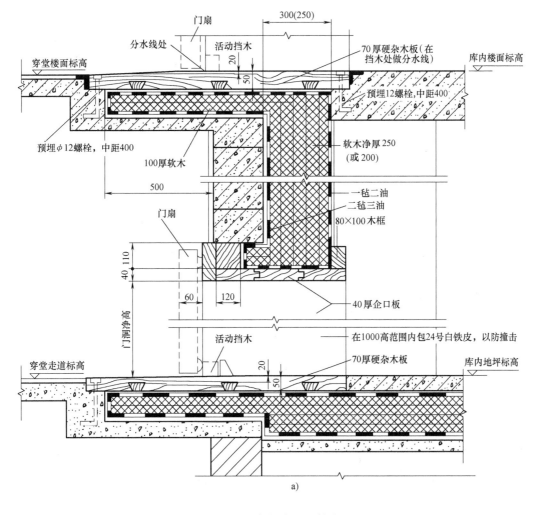

图 1-19　门洞与门樘构造

a）门洞顶及门洞底构造

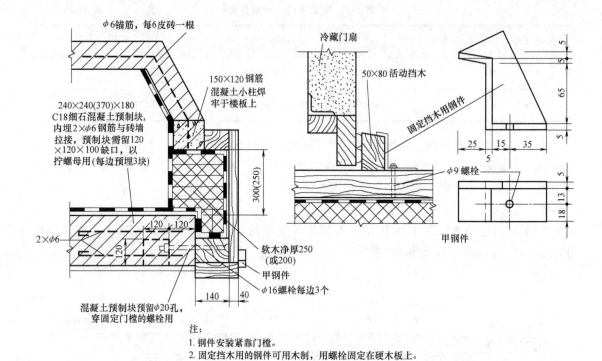

注:
1. 钢件安装紧靠门槛。
2. 固定挡木用的钢件可用木制,用螺栓固定在硬木板上。

b)

图 1-19　门洞与门槛构造 (续)

b) 门洞侧壁构造

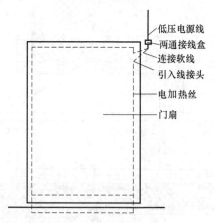

注:
1. 电加热丝适用于低温冷藏门。
2. 电加热丝用料:铁铬铝合金丝,电阻1.4Ω,直径2~4.5,电源电压15~24V。
3. 电加热丝的布置应该是在门脚低坪处的用量大于上门框处的用量,这是因为门脚处温度较低。如采用温度继电器,以控制门脚处(全门扇及门框温度最低处)温度不低于0℃为宜。如果采用时间控制继电器,其通电与停电周期以控制停电后至重新通电前,门脚处不出现挂霜、结冰为原则。

a)

图 1-20　电加热丝及密封条的安装

a) 电加热丝的布置

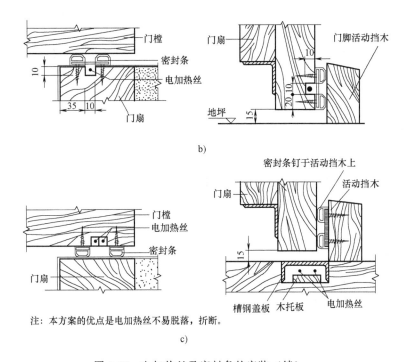

b)

注：本方案的优点是电加热丝不易脱落、折断。

c)

图 1-20　电加热丝及密封条的安装（续）

b）电加热丝及密封条安装于门扇上　c）电加热丝及密封条安装于门槛及地坪上

1.2　冷库建筑施工

1.2.1　施工组织准备

1. 施工程序

建筑安装工程一般要先地下后地上，先室外后室内，对施工现场统筹安排，才能达到高质量、高速度、高工效、低成本。要做到这点，必须按照建筑安装施工程序办事，尊重客观规律。建筑安装的施工程序，归纳起来分五步。

（1）接受施工任务　基建或技改项目批准后，在委托设计单位时，便要考虑承包土建或安装工程的施工单位。承包的方式是参加项目招标，以优质低价、建设期短的施工单位方获取工程的承包，接受施工或安装任务。

（2）开工前的规划组织　施工单位接到任务后，要对承包工程的概况、规模、特点、期限进行摸底了解，调查建设地区自然、经济及社会等情况，进行统筹规划，做出施工组织总设计。如果是扩建或技改工程，社会调查虽然少一些，但原有生产设备、通用公共设施、地下地上管线网络的衔接、利用、改造以及处理与日常生产有无矛盾等都要同建设单位协商，做到扩建改造与生产两不误。在意见一致的基础上，施工单位同建设单位签订施工或安装工程总合同或单项工程合同。如双方认为签订合同的条件不完全具备，可先签订承包协议。

合同或协议必须明确承包范围、供料方式，初步确定工期、工作量、工程付款和结算办法等。根据合同或协议及批准的扩大初步设计，施工单位的先遣人员便要进入施工现场，进行核查、核算，再根据工程大小编制施工组织总设计或施工组织设计。具体内容如下：

1）全部工程的施工工艺顺序和主要工程的建筑安装施工综合进度计划（要画出统筹图和网络图）。

2）场内、场外交通运输，施工用水、用电，场内排水和地下水的处理方案。

3）特殊工程施工方案、主要工程分部、分项施工方法和措施。

4）材料、构件加工、施工机具和劳动力需用量计划，以及社会生产能力的协作利用方案。

5）临建工程计划。临时设施可利用建设单位已有的道路、水电网络、辅助车间、仓库、宿舍作为临建施工基地。

6）施工总平面图。规模较小的工程，内容可以适当简化，但应有施工总平面图。

（3）现场条件的准备　需要的资料：

1）现场测量控制网的资料和桩位交接。

2）技术资料供应，有设计单位提供的总平面图、工程技术设计及施工组织总设计。

根据上述资料进行现场的准备工作：

1）在建设单位办妥土地征购，并将障碍物处理完毕后，即进行场地平整和道路修筑。

2）供水、供电、排水网络的修建。

3）施工生活、生产基地的修建。

4）组织劳力、物资、运输车辆和施工机具陆续进场。

5）组织预制构件生产。

上述各项具体准备基本上能满足施工需要时，即可正式开工。

（4）开展全面施工　施工必须按照程序和组织设计的有关规定进行。施工程序要坚持先地下、后地上，先场外、后场内。要确定施工方法和技术组织措施，因地制宜采用新技术、新工艺和新施工方法，在保证安全生产的基础上，达到高质量、高速度、高工效、低成本。

施工单位开工前，必须做好施工准备工作，包括：

1）施工图会审。

2）单位工程组织设计和施工图预算编制。

3）劳力、材料、构配件、施工机具、运输、吊装等的落实。

4）"三通一平"（路通、电通、水通、平整场地）按组织设计要求完成。

在施工过程中，应加强计划管理，确保工程质量。要严格按照施工规范和操作规程施工，执行材料、成品、半成品检验制，执行隐蔽工程验收、中间交工和质量检查制度。应贯彻经济核算制，开展经济效果分析，实行定额管理，按劳付酬、多劳多得。要加强材料管理，加强施工机具管理，提高机具完好率和利用率。抓紧工程收尾工作，做好设计变更和材料代用等施工图预算调整工作，及时办理单位工程结算。

（5）竣工验收　竣工验收并交付生产使用是建筑安装施工的最后阶段，也是建筑商品交货验收阶段。竣工验收之前，施工单位应根据施工验收规范逐项进行预验收。设备安装工程做好单机或局部试运转记录，并应积极整理收集各项交工验收资料办理交工。在总交工验收时，建设单位组织有关方面的技术人员、专家，按照设计和规范要求对土建、设备安装工程进行验收，签发验收证书。

2. 前期准备工作

（1）项目施工前准备工作

1）环境和物质条件的准备。

① 场地。施工场地按设计标高进行平整，对障碍物、旧建筑、树木、秧苗等进行处理。对地下物，如旧基础、古墓、管线等拆除或改道。场地必须具备放线、开槽的条件。

② 道路。施工道路应与建设项目的永久性道路结合起来，以节省铺设临时施工道路的费用。为了防止施工损坏路面，可先做永久性路基和垫层，建筑物竣工后再做路面。施工现场要运进大量材料、构配件和机械设备，必须把干道和支线布置好，使运输车辆有循环的条件。材料应直供作业区，尽可能减少倒运。吊装车辆应有足够回转余地，便于构件、设备安装就位。施工现场还要布置消防通道，防止火灾发生。

③ 上下水。施工用水应尽量与建设项目的永久性给水系统结合起来，以减少临时给水管线。对必须铺设的临时管线，在方便施工和生活的前提下尽量缩短管线长度，以节省施工费用。

施工现场的排水要精心安排，如安排不当淹泡场地，就会损坏材料、影响运输、延误工期，因此，开工前应布置好现场排水管网。主要干道排水设施，应尽量利用永久性设施。支道可在现场两侧挖明沟排水，沟底坡度一般为 2%～8%。施工废水应经过沉淀后再排放到城市排水系统。场地雨水排放时，应防止泥沙大量流入城市雨水排水系统。如采取"先地下后地上"的施工方案，施工现场的排水可利用建设项目排水管网，但一定不要把含有水泥浆等凝结材料的废水放入排水管网，以防止堵塞。工程交工前要将排水管网清理一遍，再交付使用。

④ 电源。施工用电包括照明用电和动力用电。在制定施工方案时，应计算工程施工高峰时最大用电量，按此申报施工用电量，建临时变电站或变电间。如施工现场所在地区的供电系统只能部分供给或不能供电时，则需自行配备发电设备，建临时发电间。变电站及发电间的位置应尽可能建在施工用电中心，以缩短供电线路，减少架线费用。

⑤ 资金。落实建设项目资金，投资方按计划任务书、批准的初步设计、工程项目一览表、设计概算、施工预算、年度基本建设财物计划等文件，将建设项目的所需资金拨付给承包建设的施工单位，以便施工单位备料准备开工。

⑥ 技术力量。配齐建设项目施工所需专业技术人员和技术工人，以及具备完成所承担项目施工的指挥、管理和作业技术力量。

⑦ 地方材料。砖、瓦、灰、砂、石等地方材料，是建筑施工的大宗材料，其质量、价格、供应情况对施工影响极大。施工单位应作为准备工作的重点，落实货源，办理订购，必要时还可以直接组织地方材料的生产，以满足施工要求。

⑧ 构、配件。每项建筑工程构件、配件的用量都很大，如混凝土构件、木构件、水暖设备和配件、建筑五金、特种材料等，都需要及早按施工图预算，按施工计划组织进场，避免贻误工期或造成不必要的浪费。

⑨ 钢筋钢件。土建开工前应先安排钢筋下料、制作，安排钢结构的预制，钢件加工。因为结构安装和设备安装预埋的钢件很多，工作量很大，所以在施工准备中应十分重视。

⑩ 设备。冷库中的生产设备往往由建设单位负责，如果是建筑安装总承包，有些也需

要施工单位及时订货。还应注意非标准设备和短线产品的加工订货，因为这些器材供应如不及时，极易拖延工期。

⑪ 施工机具。施工用的塔吊、卷扬机、搅拌机、电锯等施工机械，以及模板、脚手架、安全网等施工工具，都由施工现场统一调配，并按施工计划分批进场。既要节省机械台班费、节省机具租赁费和减少占压时间，又不贻误施工需要。

⑫ 料、具进场的组织。开工的物资准备，除上述建筑材料、施工机械、大型工具外，装修材料、电料灯具和特种材料等繁多的物资，也均应做出备料计划。为使准备工作有条不紊，施工管理人员必须熟悉施工组织的总平面设计、总的施工进度和备料计划，以此为依据组织进场，并做好以下工作：

a. 对进场的材料、机具和设备要进行核对、检查、验收，并建立完备的检验制度和必要的手续。对进场的材料、构件必须带有出厂合格证，没有合格证的，要经质量鉴定后方可使用。

b. 材料机具进场应注意配套，要能形成使用能力。机械设备按总图要求布置和架设，并注意若使用情况和施工进度变化，应做适当设置调整。

c. 做好场外、场内的运输组织工作。在材料堆放与仓库设置时，既要减少场内搬运，方便使用，又要相对集中，便于管理。

d. 搞好工业废料利用，降低工程成本。在保证工程质量的前提下，因地制宜地利用工业废料，是综合治理环境、综合利用资源的好办法。

2）场地平整。在实际施工中，由于工程建设施工的地点不同，其建筑工程的性质、规模、施工工期也不同。同时，由于施工机械配备、技术力量等条件不同，基槽开挖的要求，场地平整的方法也各异。因此，在场地平整前，均需做好以下准备工作：

① 清除地上和地下的障碍物。

② 清除地表影响工程质量的软土、腐殖土、垃圾土、大卵石等。

③ 设置好施工区域排水设施。

④ 按计划标高计算挖方和填方的工程量，确定挖方、填方的平衡调配，并选择土方机械，拟定施工方法。

3）临建搭设的原则。

① 布点要适合施工需要，要为职工上班、生活创造尽可能良好的条件。

② 不能占据建筑项目的位置，留出生产用地和交通通道。

③ 尽可能靠近已有交通线路或将要修建的交通线路。

④ 选址时注意防洪水、泥石流、滑坡塌方等自然灾害，必要时要有安全保护措施。

⑤ 充分利用山地、荒地，少占农田。

⑥ 尽量利用施工现场或附近已有的建筑。

⑦ 因地制宜并充分利用旧材。

⑧ 符合安全防火需要。

4）冬、雨季施工的准备。建筑施工露天作业，季节对施工的影响很大。我国黄河以北每年冰冻季节有4~5个月，长江以南每年雨季大约在3个月以上，给施工生产增加了很多困难。因此，做好周密的施工计划和充分的施工准备，是克服季节影响、保持均衡生产的有效措施。

① 做好进度安排。

a. 施工进度安排应考虑综合效益，尽量权衡进度与效益、质量的关系，除工期有特殊要求，必须在冬、雨季施工的项目外，应将不宜冬、雨季施工的部分工程避开。比如，土方工程、室外粉刷、防水工程、道路工程等不宜在冬季施工；土方工程、基础工程、地下工程等不宜在雨季施工。

b. 冬季施工费用增加不大的部分工程，如一般砌砖工程、可用蓄热法养护的混凝土工程、吊装工程、打桩工程等，在冬季施工时，虽然对技术的要求并不复杂，但它们在整个工程中占的比重较大，对进度起着决定性作用，所以可列在冬季施工范围内。

c. 成本增加稍大的部分工程，如采用蒸汽养护的混凝土现浇结构，在技术上采取措施，安排在冬季施工也是可行的。

d. 抢建和缓建。在施工进度安排上，如不宜在冬、雨季施工的部分工程赶在冬雨季时，在条件允许、技术可行和经济合算的情况下采取：一是压缩安排冬、雨季前的部分其他工程工期，采取抢建措施，将冬、雨季不宜施工的部分工程工期提前；二是工期效益不明显又无抢建条件的，可将工程安排到安全阶段，搞好防护设施，避开冬、雨季施工。

e. 按季节规律和施工程序特点合理安排施工计划。

② 冬季施工准备要点。

a. 做好临时给水、排水管道防冻准备。给水管道线应埋于冰冻线以下，外露的水管应做好隔热工作，防止冻结。排水管道应有足够的坡度，管道中不能形成积水，以防止沉积物堵塞溢水，造成场地结冰。

b. 材料准备。考虑到冬季运输比较困难，冬季施工前，需适当加大材料储备量。另外，对需采取隔热的设施准备隔热材料，安排好材料的堆放场地。同时，准备好冬季施工增加的一些特殊材料，如促凝剂、盐、防寒用品等。

c. 消防工作准备。冬季施工中，由于隔热、取暖等火源增多，需加强安全消防工作，特别要注意消防水源的防冻。

d. 提前做好冬季施工培训。如进行冬季施工有关规定的学习、防火、防冻教育等，并要建立冬季施工制度，如安全、值班制度等。同时要做好冬季施工的组织和思想准备。

③ 雨季施工准备要点。

a. 在雨季到来之前，创造出适宜雨季施工的室外或室内的工作面，如做完地下工程、屋面防水等。

b. 做好排水设施，准备好排水工具，做好低洼工作面的挡水堤，防止雨水灌入。

c. 铺垫好道路，临时道路要做好横断面上向两侧的排水坡，并采用铺炉渣等方法，以防止路面泥泞，保障雨季进料运输。为防止雨季供料不及时，现场应适当增加材料储备，保证雨季正常施工。

d. 采取有效的技术措施，保证雨季施工质量，如防止砂浆、混凝土含水量过多的措施，防止水泥受潮的措施等。

e. 做好安全防护，如防止雨季塌方、漏电触电、洪水淹泡及脚手架防滑加固等。

（2）施工组织设计 建筑施工是一个非常复杂的过程，为使工程建设有条不紊地实施，确保质量好、速度快、造价低，施工前必须编制好施工组织总设计，作为指导施工活动的重要技术经济文件。施工组织设计的原则：

1）认真贯彻执行国家关于基本建设的各项规范，遵循基本建设程序。

2）设计、施工、科研相结合，积极采用新技术、新工艺、新材料，发展建筑工业化、施工机械化、工厂化，努力提高劳动生产率。

3）统筹全局、集中力量、保证重点。组织好协作，分期、分批配套施工，尽快形成投产能力，发挥投资效益。

4）做好整体施工部署和分部施工方案，合理安排施工顺序，组织平行流水立体交叉作业，充分利用空间和时间，发挥作业面的使用效益。

5）坚持"百年大计、质量第一"的原则。

6）贯彻勤俭节约方针，因地制宜，就地取材，厉行节约。采取革新、改造、挖潜措施，减少投资、降低成本。

7）做好人力、物力的综合平衡调度，做好冬季、雨季施工安排，力争全年均衡施工。

8）合理紧凑地安排好施工现场平面布局，尽量压缩施工用地，节省城市占地费，减少占用农田。

施工组织设计包括若干个单位工程的综合实施过程，是指导全工地施工的技术经济文件，重点反映整个工程组织施工的大局。

（3）施工进度设计

1）确定总工期和重点单位工程工期，明确各单位工程主要施工阶段的作业时间，说明重点单位工程与一般单位工程之间、主体工程与配套工程之间、土建施工与设备安装之间交叉作业的方式。

2）根据施工力量及物资、设备条件确定同期开工的单位工程，如开工面过大，人力、物力不足，将会造成浪费；如开工面过小，缺乏后备工作面，则不宜流水作业，容易窝工。不确定开工的单位工程，应优先安排重点单位工程、施工周期长的项目、先期配套的项目及可供施工单位暂作为临时使用的项目。

3）计划安排应力求平衡施工。根据施工图出图时间、材料和设备供应情况，使各个单位工程的施工准备、土建施工、设备安装和试生产时间合理衔接，安排非重点单位工程作为调剂工作面；使每个单项工程的主要分部、分项工程形成流水作业线，保持每个单位工程的均衡施工。

4）在施工顺序上，一般应按先地下后地上，先埋管线后修路，先深后浅，先干线后支线执行。

5）按上述计划原则，进行综合平衡，调整进度计划，编制施工总进度计划、重点单位工程进度计划和主要工种施工工程的流水作业计划，并制作相应的图表。

（4）施工总平面图　施工总平面设计，就是对整个施工现场从原材料进厂到各单位工程竣工的整个施工工艺流程的设计。如何根据总体施工部署合理布置场区道路、临建和堆料场，方便施工生产，方便职工生活，是施工总平面图解决的主要问题。

需特别注意的是，由于目前一项大型制冷工程的项目工作都是分类招标的，所以对本书中介绍的施工准备工作可按具体招标项目分类参考。

1.2.2　冷库建筑施工

冷库属于低温高湿建筑，对围护结构及库内承重结构有特殊要求，工程施工中除应遵照现行施工验收规范外，还应注意以下几方面。

1. 基础工程

1）在大孔性土壤地区施工时，要杜绝一切施工水、生产水和雨水浸入基础下面。主体工程外墙四周宜做 1.5m 宽、80mm 厚的混凝土散水，并把雨水和污水引入排水管道，以防止基础浸水后产生不均匀下沉，引起上层结构的破坏。

2）在深层软黏土中打桩时，由于桩与土壤间的挤出作用及桩尖下土壤的回弹作用，可带动桩向上升起。这一过程有时会延续十多天，必须等待桩及地基回升稳定后再进行基桩承面的浇注，尤其是对浇注在排桩上的多跨连续梁更为重要，避免承面产生附加应力和裂缝，这样有利于减少各基础间的沉降差异。

2. 砖砌体工程

1）冷库内的内衬墙、内隔墙采用不低于 MU100 的砖，外墙可采用不低于 MU75 的砖。砖体在砌筑前应适当浇水，但水量不宜太多，以免湿度太大，影响材料的热工性能及隔热、隔汽层的质量。

2）冷库内的内衬墙、内隔墙一律使用抗冻性能良好的硅酸盐水泥砂浆砌筑，其标号不得低于 M5。其他墙体（如外墙等）则可使用混合砂浆砌筑，其标号根据设计要求而定，但墙体防潮层以下的墙体应用不低于 M5 的砂浆。

3）砖砌体内砂浆要求达到 90% 以上的饱满度，不得留有空隙。

4）砖砌体必须横平竖直，灰缝的平均宽度应为 10mm，不小于 8mm，不大于 12mm。

5）单层建筑的砌筑高度每天不宜超过 2m，多层建筑的砌筑高度每天不宜超过 1.5m。如增加砌筑高度，需相应提高水泥砂浆标号。

6）砖砌体的间断处应留斜槎，如在墙角附近留槎时，斜槎上部距相接墙身内缘不小于 300mm。若必须在交接处留槎（转角处不得留槎），应沿墙高每 0.5m 加设拉结钢筋，每 1/2 砖厚不小于拉筋直径的 1/4，两端加弯钩，每边墙内伸入长度不小于 0.5m，埋设钢筋的灰缝厚度应保证钢筋上下至少有 2mm 厚的砂浆层。

3. 混凝土工程

1）混凝土标号应按设计规定采用。混凝土标号用 200mm×200mm×200mm 的试块，以 28 天龄期强度为标准。

2）混凝土用水必须洁净，不含油类、碱类及其他有害杂质。砂的含泥量不得大于 5%，如大于 5%，要用水冲洗。石子在使用前也应用水冲洗干净，不得用风化的石粒。

3）在施工过程中，应特别注意避免结构出现裂缝和出现蜂窝、麻面、露筋等现象。

4）用振捣器捣注混凝土时，要保证混凝土足够的密实度，捣注后的混凝土表面应成水泥浆和不再沉落。振捣器在工作时，不允许碰撞钢筋、预埋件和模板，不可支承在钢筋上。

5）冷库内与低温空气接触的混凝土工程宜采用不低于 M40 的硅酸盐水泥，不能采用氯化钙等防冻剂。

6）不粉饰的外露混凝土所用模板均应刨光，以保证混凝土表面光滑。捣注混凝土前模板要润湿，但不得留有积水，木模板中的缝隙应加以嵌塞。捣注混凝土后，在混凝土强度达到设计强度 70% 以上时才能拆除承重模板。变形缝的模板必须及时拆除，缝内的石子碎砖等杂物也应及时清除，以免变形缝不起作用。

7）在捣注混凝土前，应先将安装吊轨、冷却管道、通风管道、上（下）水道、电气管线等预埋件，校正准确位置埋置妥当，以免事后打凿混凝土。

8）在捣注混凝土时，应注意调整及保证钢筋保护层的厚度，凡与库内冷空气接触，且表面不做水泥抹面的钢筋混凝土工程，其钢筋的混凝土保护层的厚度应较一般规定增加 10mm。

9）楼板上预留孔洞位置及孔洞加固方法，应按照设计规定预先留好。在洞口处截断的钢筋应伸入洞口加固小梁内不少于 300mm，并且末端要有弯钩。如采用电焊钢筋网时，应将钢筋网焊接在洞口加固小梁钢筋上。

10）捣注无梁楼板混凝土时尽可能不留施工缝，必要时，施工缝可留在靠柱帽边线处。

11）捣注无梁楼板柱子混凝土时，施工缝应留在柱脚或柱帽 45°折线顶部，在折线上部的混凝土应与楼板一次捣注，在折线下部的混凝土应与柱子一次捣注。捣注柱子混凝土时，底部应先填以 50~100mm 与所捣注的混凝土内砂浆成分相同的水泥砂浆。捣注柱子的混凝土自由倾落高度不应超过 2m，否则应用溜管下落法。此外，施工缝里不要留有木屑和其他杂物，在继续浇注混凝土前要冲洗干净，避免柱帽断裂事故。

12）冷库及制冰间内柱子牛腿的混凝土，应与柱子混凝土一起捣注，不要另注。

4. 钢筋工程

1）钢筋的种类、钢号、直径均应与设计要求一致，若以另一种钢筋代替设计中规定的钢筋时，可按设计用钢筋与实际用钢筋计算强度的反比例关系对钢筋的计算截面做相应的改变。若以另一种直径但钢号相同的钢筋代替设计中采用的钢筋，钢筋的总截面面积应不小于设计中采用的钢筋总截面面积，钢筋的数量间距和锚固长度等均应符合混凝土结构设计标准及技术规范的规定。

2）绑扎或焊接前必须将钢筋表面的油污和铁锈清理干净。

3）钢筋加工前须参照有关钢筋检验标准进行抽查试验。

4）焊接的钢筋须错开位置摆放，在同一截面中搭接钢筋的面积应不大于该截面内钢筋总面积的 50%。经过焊接后的钢筋网不得再做弯曲。

5）所有焊接钢筋均应进行质量检查。

6）冷库内主体钢筋混凝土结构的主要钢筋不能采用冷轧或冷拉钢筋（非承重构件不受此限制）。

7）振捣混凝土时，应有专人检查钢筋位置并修整钢筋网，要纠正钢筋因运输而发生变形或因振捣面发生下坠和贴模等情况。

5. 抹面工程

1）抹面工程的砂浆标号及级配应按设计规定采用。水泥标号不宜低于 M30。砂子应采用中砂，要求随拌随抹，超过初凝时间的砂浆不宜使用。冷库内部的抹面，应采用硅酸盐水泥砂浆，不得采用混合砂浆。

2）抹面工程表面要求光滑平整，用 2m 直尺检验时不得有超过 5mm 的空隙，要求做到不起壳，不产生裂缝。

3）一般抹面工程要求至少抹两道，即底层一道，垫层一道或面层一道。面层抹好后应采用铁抹子干压两遍，使表面光滑。库内露在冷空气里的大面积墙面抹面，要求面层每隔 3~4m 留一深 4mm、宽 8mm 的伸缩缝，以免面层出现不规则的龟裂。

4）抹面工程完毕，必须经过检查认为合格后才能进行下一工序。

5）在基层结构软硬相差悬殊的地方（如一边是砖墙，另一边是软木墙），应预留 20mm

宽的施工缝，然后用 1:7 沥青砂浆填充烫平。如不能留施工缝，交接处应采用钢丝网砂浆抹面防裂。

1.2.3　冷库隔热与防潮隔汽施工

本小节主要介绍通过各种施工方法和步骤，把符合设计要求的隔热、防潮隔汽材料细致而又完整地做到冷库建筑结构中，使冷库能稳定地连续工作。

1. 隔热材料

（1）隔热材料的性能要求　在隔热工程中将热导率 $\lambda \leq 0.2W/(m \cdot K)$ 的材料称为隔热材料。对冷库所用隔热材料，一般应满足以下几个方面的要求。

1）热导率要小。冷库所用隔热材料，热导率应在 $0.024 \sim 0.139W/(m \cdot K)$ 的范围内。使用热导率小的隔热材料，不但能减小隔热层的厚度，也能减小建筑尺寸，节省投资。

2）密度小。同一种材料中，密度较小的材料在一定范围内热导率也较小。同时密度较小，隔热结构就较轻，可使建筑结构、设备和管道的支承结构减小，节省建筑投资。

3）吸水率低且耐水性好。隔热结构中虽然设有防潮隔汽层，但任何防潮隔汽层的蒸汽渗透阻都不是无穷大，且在施工前隔热材料存放时要与空气接触，使用后也难以完全避免局部防潮隔汽层破损，致使水分进入隔热材料，如吸水率高则使隔热性能变劣。此外，还要求材料吸收少量水分后并不腐烂、变松散，机械强度并不很快下降。一般要求隔热材料的吸水率不大于 5%，且吸湿后隔热性能下降不多。

4）机械强度高。应有一定的抗压、抗拉强度，能够承受一定的机械冲击，尺寸稳定性要好。否则经过一段时间的使用，将会产生破碎并沉陷在隔热结构底层，破坏隔热结构的隔热效果。

5）耐火性好。材料本身应是不燃或是难燃的。如材料可燃，则应具有自熄性。万一发生火灾，不至于沿隔热材料蔓延至他处。应注意，自熄对防火是至关重要的。

6）耐低温性能好。在使用的低温范围内结构不破坏、不降低机械强度，在周期冻融循环中不破坏、不降低强度。

7）无毒无异味。这一点对于贮存食品非常重要，以免污染食品。

8）经久耐用不易腐烂。天然有机隔热材料的这一性质，一般不如合成有机隔热材料和无机隔热材料好，例如稻壳就容易霉变。虽然软木是天然有机隔热材料中较不易霉变者，但也无法与合成有机隔热材料和无机隔热材料相比，矿物棉、泡沫玻璃、泡沫塑料的这一性质均很好。

9）能抵抗或避免虫蛀、鼠咬。用于冷库的隔热材料不希望有鼠类能在其中生存或虫蛀，一般天然有机隔热材料存在虫蛀、鼠咬问题，合成有机隔热材料和无机隔热材料无此问题。

10）施工方便。即易于切割、粘贴。选用易于加工的材料，将使工期缩短、投资减少。

11）价格低廉、来源广。可降低工程造价，缩短工期。

12）环境可接受。应对环境无破坏作用或破坏作用轻微。

实际上，完全符合上述要求的隔热材料并不存在，各种隔热材料均是在某些方面性能较优，而在另一方面存在不足。选用时应根据使用要求、围护结构的构造、材料的技术性能、价格、来源等具体情况进行全面的分析、比较，然后做出抉择。

（2）常用隔热材料　可用于冷库的隔热材料很多，尤其是高分子合成有机隔热材料的出现，促进了冷库建筑技术的发展。按化学成分不同，隔热材料可分为无机隔热材料和有机隔热材料两大类（见表1-8）。

表1-8 冷库常用隔热材料的性能

材料名称	密度/ (kg/m^3)	热导率/ $[W/(m \cdot K)]$	比热容/ $[kJ/(kg \cdot K)]$	水蒸气渗透系数/ $[kg/(m^2 \cdot s \cdot Pa)]$	防火耐热性能	吸水率 （%）	抗压强度/ MPa
聚苯乙烯泡沫塑料	20~50	0.29~0.46	1.456	0.6×10^{-4}	自熄≤2s 耐热70℃	≤4	0.1764
交联聚丙烯泡沫塑料	35	0.039			可燃		0.065
硬质聚氨酯泡沫塑料	30~60	0.023~0.029			自熄≤7s 耐热140℃	3	0.2
脲醛泡沫塑料	10~20	0.024~0.032			不燃 耐热130℃		
软质聚氯乙烯泡沫塑料	60~95	0.031~0.036		0.4×10^{-14}	难燃 耐热110℃	≤8	
膨胀珍珠岩	<80 81~150 151~250	0.047 0.047~0.058 0.058~0.075	0.837		不燃	吸水<400 吸湿0.006~ 0.08	
沥青膨胀珍珠岩砌块	400~500	0.068~0.081	0.879	0.8×10^{-4}	难燃	<0.2	0.7~1.0
泡沫混凝土	<400	0.151	0.837	2×10^{-4}	不燃	4.8	
加气混凝土	400	0.058	0.837	2.3×10^{-4}	不燃		1.47
玻璃棉缝毡	<80	0.037+0.00015t					
有碱超细玻璃棉板、管	>60	0.028+0.0002t					
软木板	150~250	0.052~0.07	2.093	0.38×10^{-4}	可燃		0.392
稻壳	135~160	0.081~0.093	1.876		易燃		
炉渣	<800	0.175~0.233	0.84	1.5×10^{-4}	不燃	19.2	

1）有机隔热材料。

① 稻壳。稻壳产地广、价格便宜，是国内以前使用最广泛的松散隔热材料。它的缺点是比体积大，隔热层占用较多的建筑面积，运输不便，而且容易受潮霉烂下沉，受潮后热导率显著增大，故使用3~5年后需要翻晒或更换。由于稻壳在其他方面的用途日益广泛，因此在近几年新建的冷库中很少使用。

② 软木及其制品。软木是碳化软木的简称，是优良的隔热材料，具有密度小、热导率小、抗压强度高、无毒、不易腐烂等优点，但其可燃、产量低、价格高。软木由栓树皮加热使表面碳化制成，为颗粒状。用沥青粘接后，可制成软木板。软木颗粒及其制品如图1-21所示。

③ 聚丙烯泡沫塑料及其制品。聚丙烯泡沫塑料的性能参数如下：

密度：11~71kg/m^3；抗压强度：≥0.065MPa；

闭孔率：100%；吸水率：≤0.7%；

a)

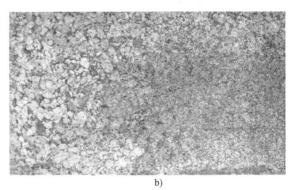
b)

图 1-21 软木颗粒及其制品
a) 碳化软木颗粒　b) 软木板

燃烧速率：0.0013m/s。

聚丙烯泡沫塑料的密度可达到 $800\sim900kg/m^3$，称为合成木材。

④ 软质聚氨酯泡沫塑料及其制品。

聚氨酯泡沫塑料的典型配方（质量比例）为：

A 组分	聚醚多元醇	100
	三乙烯二胺	2~4
	R11	35
	水溶性硅油	2~4
	阻燃剂	5
B 组分	异氰酸酯	130

其中聚醚多元醇和异氰酸酯为主体材料，三乙烯二胺为催化剂，R11 为发泡剂，水溶性硅油为泡沫稳定剂。由于 R11 对环境有破坏作用，目前生产厂多采用环戊烷或 R245fa 作为发泡剂。在工厂制造时，隔热结构通常采用中压发泡工艺或高压发泡工艺。在修理工作中，一般采用低压发泡或常压发泡。

软质聚氨酯泡沫塑料是热塑性聚氨酯泡沫塑料，制冷用软质聚氨酯泡沫塑料一般用模塑法制成各种形状与规格的制成品，如块、板、条等。

⑤ 软质聚氯乙烯泡沫塑料及其制品。软质聚氯乙烯泡沫塑料主要用于对管道与设备进行隔热。一般制成各种形状与规格的制成品，如隔热套管、板、条等。还可在其一面涂胶，可方便地粘贴，工程中称为不干胶海绵。

2) 无机隔热材料。

① 矿渣棉及其制品。矿渣棉是以矿渣为主要原料，经熔化、高压蒸气喷吹冷却而成的无机纤维材料。它的主要成分是 SiO_2（$w_{SiO_2}=36\%\sim39\%$）、CaO（$w_{CaO}=38\%\sim42\%$）及 Al_2O_3 和 MgO。矿渣棉具有密度小、热导率小、不燃、不蛀、不腐烂、不易受潮、化学稳定性强等优点。它的缺点是在施工时纤维对人的皮肤及呼吸道有刺激，因此各生产单位都加工成各种规格的板、毡、管壳等矿棉制品。

② 玻璃棉及其制品。玻璃棉是熔化的玻璃液用压缩空气（或水蒸气）加压以高速喷吹而成的一种矿物棉，具有密度小、热导率小、不燃烧、无毒、无虫蛀鼠咬、不腐烂、吸水率

低等优点。根据纤维直径的不同，可分为普通玻璃棉和超细玻璃棉。普通玻璃棉纤维直径约为 12μm，在施工时对人的皮肤和呼吸道有较强的刺激作用。超细玻璃棉直径<4μm，呈白色柔软棉状，在施工时对人的皮肤无刺激作用，对呼吸道刺激作用较小。

玻璃棉一般制成制品使用，如以有碱超细玻璃棉为骨料，以酚醛树脂为黏结剂，可制成有碱超细玻璃棉板、管等。

③ 火山岩棉及其制品。它是以火山玄武岩为主要原料，加入一定数量的辅料（石灰石），经高温熔化，用蒸气（或压缩空气）喷吹而成的人工无机短纤维。火山岩棉产品只有散装岩棉毡和沥青岩棉毡两种。火山岩棉具有经济耐用、耐低温、密度小、热导率小、吸水率低、不燃、不霉烂的优点。但是，它也有刺激皮肤和呼吸道的缺点。

④ 硅酸铝盐。硅酸铝盐颗粒是用熔融状硅酸铝矿物制成的一种多孔颗粒，因具有珍珠裂隙结构，又称膨胀珍珠岩（图 1-22a），其化学成分主要是 SiO_2 和 Al_2O_3，具有密度小、热导率小、不燃烧、无毒、无虫蛀鼠咬、不腐烂等优点，但其吸水率高。如以水泥为黏结剂，可将膨胀珍珠岩制成水泥膨胀珍珠岩制品（图 1-22b），形状可为板、砌块、管等。如将密度小于 120kg/m³ 的膨胀珍珠岩与 10 号沥青加热搅拌后进行热浇注，可制成沥青膨胀珍珠岩制品（图 1-22c），形状为板或砌块。

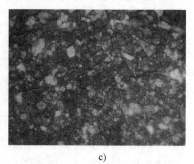

a) b) c)

图 1-22 膨胀珍珠岩及其制品

a) 膨胀珍珠岩颗粒 b) 水泥膨胀珍珠岩制品 c) 沥青膨胀珍珠岩制品

⑤ 加气混凝土。加气混凝土用水泥、生石灰、矿渣、沙、铝粉（加气剂，为水泥重量的 0.8‰左右）等原料制成。它的产品种类有素砌块、配筋屋面板、外墙板、隔墙板等几种，如图 1-23 所示。加气混凝土制品具有强度高、隔热性能好、不燃烧、无毒、无虫蛀鼠咬、不腐烂、外形尺寸准确、拼装施工方便等优点，在建筑中可同时起承重和隔热作用。缺点是加气混凝土内部的可溶性盐类常沿着毛细孔在制品表面析出，造成表层剥落，影响其耐久性；对酸碱的耐蚀性也较差；吸水率高，密度较大。

⑥ 炉渣。炉渣可用作 0℃以上冷库地坪的隔热材料，应选用粒径 10~40mm 的炉渣。当炉渣密度为 800~1000kg/m³，热导率为 $(0.69~1)×10^{-3}W/(m·K)$ 时，最大含水率应不大于 8%，含硫量不超过 2%（质量分数）。使用前要过筛，清除杂质，暴晒干燥。其优点是废物利用、易采购、价格便宜。但它的热导率较大，密度大，颗粒不均匀，不易保持干燥。冻结间和冻结物冷藏间地坪不适宜采用炉渣作为隔热材料。

（3）影响隔热材料导热性能的因素 影响隔热材料导热性能的因素主要有材料种类、材料内部结构、密度、含水率等，前两个因素是由材料自身决定的，在选择隔热材料时即已

a)　　　　　　　　　　　　　b)

图 1-23　加气混凝土制品

a) 加气混凝土砌块　b) 加气混凝土墙板

确定，后两个因素与隔热结构设计、隔热材料的加工与应用有关。

1）密度。密度是指单位体积的材料重量，用 ρ（kg/m³）表示。隔热材料的密度是影响热导率的一个重要因素。隔热材料内部都存在一定的孔隙，它们由材料骨架和孔隙中的空气组成。由于材料骨架的热导率比静止空气要大得多，所以孔隙率大（即密度小）的材料，其热导率较小。此外，材料的导热性能也与孔隙的大小和形状有关。泡沫材料内含有无数封闭的微小气泡，气泡内空气的对流越微弱，隔热性能就越好。如果材料内的气泡较大或气泡之间的空气能相互流通时，热导率就较大。所以，优良的隔热材料不但应具有较大的孔隙率，而且其中的气孔直径应细小、分布均匀和各自封闭。但是，对于某些密度很小的材料，当密度低于某个极限时，热导率反而增大，这是因为孔隙过大甚至互相串通而导致对流换热加强。所以这类材料存在一个最佳的密度——热导率最小密度，当密度超过或低于此值时，热导率将增大。譬如，聚苯乙烯泡沫塑料的最佳密度约为 27kg/m³，此时热导率为 0.032W/(m·K)；聚氨酯泡沫塑料的最佳密度约为 35kg/m³，此时热导率为 0.024W/(m·K)。

2）含水率。绝大多数建筑材料与潮湿空气接触时，都会从空气中吸收水汽。材料在低温高湿的环境里比较容易吸收水汽，所以隔热材料或多或少都含有一定的水分。材料内所含水分增加，其热导率将显著增大。这是因为原先在材料的孔隙中充满了热导率很小的空气，当水蒸气和水侵入材料孔隙后，由于水的热导率大，是静止空气的 20 倍，于是引起了材料隔热性能的恶化。如果孔隙中的水结成冰，冰的热导率是孔隙中空气的 80 倍左右，材料将完全不能起隔热作用。因此，为了保证隔热层的隔热性能，一定要使用干燥的材料，并应做好隔热结构的防潮隔汽。

2. 隔热工程施工

首先必须按设计规定采用隔热材料，它的物理性能如抗冻性、热导率、吸水率、密度、机械强度等均应满足设计要求。在施工之前，必须做好防雨措施，防止雨水淋湿隔热层，这在雨季施工时尤其应该注意。在充填稻壳等易燃性隔热材料时，在同一房间内严禁吸烟和进行电气焊作业，以免引起火灾。

（1）软木板的铺贴　为了保证软木隔热层的质量，必须选用合格的软木和适当配比的石油沥青作为黏结剂。软木板的密度应不大于 $210kg/m^3$，干燥状态下的热导率不大于 $0.21×10^{-3}W/(m \cdot K)$，铺贴时其质量湿度应不大于 4%。冷库楼地面宜采用针入度为 60 的石油沥青，外墙、屋面则宜采用 10~30 号。如遇沥青标号不适时，可用两种不同标号的沥青混合配制。熔化沥青的温度不得超过 220℃，也不能低于 160℃。使用时将已熔化的沥青注入沥青盘内，盘下用木炭（或电炉）加热，使沥青温度保持在 160~200℃。

1）铺贴地坪、楼板的施工。

① 准备工作。铺贴前先检查基层的平整度，要求防潮层必须贴实，无高低凸凹现象，并将预埋件按位置做好，注意不漏做或做错。

② 预拼。为使软木在铺贴时能与基层（或互相之间）紧密接触，不留空隙，铺贴前要进行预拼。预拼时，遇到柱脚、设备基础等凸出物时，应将软木板锯成能与凸出部分相吻合的形状。软木之间拉缝的缝隙不超过 3mm，如果缝隙过大，要进行刨光，以保证缝隙严密。如果发现基层不平时，可将软木板加工，使之能与基层凸凹处相适应，达到粘贴密实的目的。预拼时每层软木间都要错缝铺贴。

③ 铺贴。当软木板预拼已进行一定距离，上下工序已能连续操作时，即可开始铺贴。先将预拼好的软木板依次每 4 块堆成一叠，放在一边以便铺贴。然后用 150~170℃ 的热沥青浇在要铺的软木的防潮层上，厚度约 1.5~2mm（沥青用量 1.5~2kg/m²），用橡皮刮板将热沥青刮平。与此同时，用铁叉将软木板浸入热沥青盘内（盘比板略大），使软木板五面均粘满沥青。然后取出铺贴到地坪（或楼板）的已刮好沥青的部位上，使上下两层热沥青结合，并经挤压使缝隙达到设计要求后取下铁叉。每铺好一块后应放两组压块（每组用四块红砖扎在一起），压实约 15min。铺贴时从缝间挤出的沥青必须随时趁热扫净，以免冷却后形成疙瘩，影响平整。当沥青冷却后，可用木锤敲击。如发现空鼓声，即为铺贴不实；当超过一块软木板的 1/3 面积时，则应进行返工。

④ 刨光。当第一层软木板贴好后，如有高低不平情况，需用木刨刨平，由木工持靠尺检查，不超过 5mm 即为合格。

⑤ 边缝。刨平后对超过规定的缝隙，用碎软木拌沥青塞紧缝隙。

⑥ 铺贴下一层。在上一层上面涂刷一遍热沥青，如上述方法错缝铺贴下一层。当最后一层软木板贴妥后，同样在外面涂刷一遍热沥青，使每块软木板的六面都有一层沥青包裹，软木板之间则有两层沥青。

2）铺贴内隔墙的施工。

① 铺贴软木前应先立木龙骨，例如竖向木龙骨 60mm×100mm、中距 800mm、横向木龙骨 50mm×50mm、中距 1000mm，再将 20mm 厚木板钉固在木龙骨上，面刷冷底子油两道。

② 预拼过程中要保证软木平整，缝隙严密，同样要求平直错缝。每预拼好一块立即进行铺贴。先在铺贴部位用棕刷蘸 160℃ 热沥青刷一道，同时如上法将软木蘸上沥青后铺贴于此部位上。铺贴完成后用斜撑压实，经检验合格后进行刨平，并对超过 3mm 的缝隙用软木片蘸热沥青塞缝。

③ 根据木龙骨位置，用竹钉将软木钉牢，以增强墙面隔热层的整体性。

④ 做一毡二油防潮隔汽层，刷上热沥青，然后洒上中砂或瓜米石，再粉刷 15mm 厚 1:2 水泥砂浆，最后刷大白浆两道。

⑤ 一般的做法是在软木层上做钢丝网水泥砂浆抹面，在拉钢丝网时，应注意不能将防

潮隔汽层碰破。

3）楼板倒贴软木施工。

① 在模板上湿铺水泥纸袋一层，在纸袋上铺 15mm 厚的 1:2 水泥砂浆，同时铺贴第一层软木（这层软木的每一块底面都用热沥青蘸一层瓜米石），将它压实于水泥砂浆上。

② 第一层软木铺贴完毕后，在上面涂刷一遍热沥青，然后用热沥青铺贴第二层及以上各层的软木，视隔热层的厚度而定。

③ 在铺最后一层软木前，将楔形木块用热沥青粘牢于软木上。楔形木块中距视软木规格的宽度而定，楔形木块穿有中距为 400mm 的 φ6mm 钢筋，用于与钢筋混凝土楼板锚固。然后铺该层软木，软木与楔形木块的接触面要割成口，以便卡在楔形木块上。

④ 软木全部铺贴好后，在它的上面浇热沥青一道（或贴一毡二油），并压入沥青。冷却后清除浮离瓜米石，然后绑扎钢筋及浇注混凝土楼板。

⑤ 拆除模板，清除水泥袋。

由于冷库是密闭建筑，而库内铺贴软木又要使用大量沥青，因此在施工过程中必须防止沥青中毒。除了强调施工人员配备安全防护用品和工间休息换气外，在现场必须采取可靠的通风措施。

（2）贴聚苯乙烯泡沫塑料 聚苯乙烯泡沫塑料吸水后，隔热性能下降，故铺贴时应尽量使用原块。如要切割，一定要用电加热丝切割，采用 19 号电阻丝，电压 5~12V，温度一般控制在 200~250℃，这样在切割口表面可形成一层封闭性熔融硬膜。只有在条件不许可时才采用锯削（最好用高速无齿锯），但其锯削口表面要均匀涂布防水材料。

用热沥青粘贴聚苯乙烯时，热沥青的温度应控制在 55~70℃（采用水浴），如温度过高，会使泡沫塑料烧熔。如果用冷汽油沥青作为黏结剂，汽油与沥青的重量配比不应低于 0.3:1。稠度过小时汽油挥发后干缩较大，会使黏结层形成空隙，降低了隔热效果。用冷沥青粘贴泡沫塑料后，应放置 24h，待汽油充分挥发后再做防潮隔汽层。

粘贴聚苯乙烯泡沫塑料的材料，尚有以下几种化学黏结材料，它们施工方便，但费用较贵。

1）环氧树脂黏结剂。它的重量配比为：634 号环氧树脂 100，增塑剂（DBP）30，二乙烯三胺 6（夏天）、8（冬天）。

2）环氧胶泥。它的重量配比为：环氧树脂 100，苯二甲酸二丁酯 12，乙二胺 14，二甲苯或乙醇等 20，石英粉 80。在环氧树脂中先加入二甲苯或乙醇，再加苯二甲酸二丁酯，拌匀后撒入石英粉料，搅拌均匀。用前加入乙二胺，待作用 5~10min 即可使用，必须在 1h 内用完。

3）聚氯酯黏结剂（101 胶）。它是一种由甲、乙两个组分调和的室温固化黏结剂，适用于潮湿场合。为了降低费用，可在胶水中掺入为胶水重量 1.5~2 倍的 M50 水泥，搅拌均匀后，用以粘贴聚苯乙烯泡沫塑料。粘贴时可用点粘法，即在每平方米泡沫塑料上粘 20 点，以节约用料。

（3）铺砌泡沫混凝土和加气混凝土 砌块应力求干燥，在制造过程中尽量避免产生裂纹。锯削砌块时应事先划线，锯口要求整齐平直。砌块应按设计规定采用石油沥青铺砌，每层砌体之间在纵横方向均应错缝，不得有直通缝。砌缝宽度应控制在 5~6mm 内，并应灌满沥青不留空隙。在竖缝灌热沥青时，应把砌块加以支撑，以免造成位移。

（4）膨胀珍珠岩混凝土屋面隔热层做法　先按体积比将膨胀珍珠岩和水泥（12∶1）搅拌均匀后，再加水（1∶6）重新拌和均匀，到屋面直接灌浇，用铁锹和木夯轻度夯实达60mm厚。等珍珠岩混凝土强度达50%时，在面上用1∶2.5水泥膨胀珍珠岩浆作为20mm找平层。待找平层干透后，即可在其面上铺贴油毡防潮层。

（5）聚氨酯隔热　目前随着聚氨酯价格的下降，对那些建筑面积不太大的冷库以及高温冷库（因为与外界温差小，厚度要求不高），通常采用聚氨酯发泡板粘贴和聚氨酯现场发泡喷涂法来做隔热层。

3. 防潮隔汽材料

（1）防潮隔汽材料的作用　由于冷库的室内外存在温度差，大多数情况下外界空气的水蒸气分压力高于室内空气的水蒸气分压力。在此压力差的作用下，水蒸气将从分压力较高的室外侧通过围护结构向分压力较低的室内侧迁移。在围护结构中，隔热层的温度梯度相当大，但水蒸气分压力梯度较小，当围护结构的某一结构层内的温度达到水蒸气在该层内部的分压力所对应的露点温度时，就会产生凝露；当温度低于0℃时，就会产生结冰。如果凝露和结冰产生于承重结构中，有可能造成建筑被破坏；如果凝露和结冰产生于隔热层中，会使隔热材料受潮，造成隔热性能降低。此外，扩散进冷间内过多的水蒸气还会给冷间带来较大的湿热负荷，使蒸发器表面结霜增多，增加了融霜次数，影响库温的稳定和食品的质量；也增大了制冷机负荷，使制冷成本提高。

为了减少水蒸气渗透，在围护结构中应加设防潮隔汽层。通过围护结构的水蒸气渗透，一般是由外侧向内侧进行的，防潮隔汽层主要应设于隔热层高温侧，产生一个较大的水蒸气分压力梯度，降低围护结构内部的水蒸气分压力。当围护结构两侧设计温差为5℃及以上时，在温度较高的一侧需有防潮隔汽层。在地坪隔热层和较潮湿的墙体两侧需有防潮隔汽层。

工程实践证明，如果没有防潮隔汽层、隔汽部位不当、蒸汽渗透阻偏小、防潮隔汽层施工不良，则隔热层无论多厚，隔热效果也不会好。所以，防潮隔汽层的正确设置和施工质量在整个冷库建设中是非常重要的。

（2）防潮隔汽材料的性能要求　对冷库所用防潮隔汽材料，一般应满足以下几个方面的要求：

1）蒸汽渗透系数小。蒸汽渗透系数说明了材料的透汽能力，蒸汽渗透系数小，蒸汽渗透阻就高，进入围护结构的水蒸气就少。

2）吸水率低且耐水性好。防潮隔汽材料本身要耐水性好、吸水率低，不能因吸水造成防潮隔汽层损坏或向隔热材料传递水。

3）力学性能好。防潮隔汽材料要有足够的强度和延展性，耐冲击性能要好。

4）物理、化学性能好。应无毒、不燃或难燃、耐腐蚀、耐老化，材料应遇冷不易脆裂、遇热不易软化。

5）施工性能好。应不飞散，对施工人员无损害，可用较低成本进行施工。此外应有好的粘接性，能牢固地粘合在隔热层或墙上。不能有裂缝，以防水蒸气由此侵入隔热层或库内。

当然，完全符合上述要求的防潮隔汽材料并不存在，各种防潮隔汽材料均是在某些方面性能较优，而在另一方面存在不足。选用时应根据使用要求、围护结构的构造、材料的技术性能、价格、来源等具体情况进行全面的分析、比较后再做出选择。

（3）常用防潮隔汽材料

1）沥青及其制品。

① 石油沥青。石油沥青是用石油原油炼制各种轻油、重油时剩余的胶状物质或胶状物质的氧化物，再经加工而成，是一种有机胶结材料，并有很好的防水性能。石油沥青分为四种：建筑石油沥青、道路石油沥青、普通石油沥青和专用石油沥青。冷库建筑中可用建筑石油沥青和普通石油沥青做防潮隔汽材料。处于不同温度条件下的各种围护结构防潮隔汽层，要求采用不同标号的石油沥青来粘贴。用于库内低温部分的，要求针入度大、软化点低，使其在低温环境中不脆裂，在潮湿环境中不改变性能，如冷库内楼板、地面等处，宜采用 60 号石油沥青。用于屋顶、外墙处，则要求其针入度小、软化点高，以免在较高的外界气温下发生流淌。冷库工程中不得采用多蜡沥青材料。

② 冷底子油（沥青底漆）。冷底子油是用石油沥青与挥发性溶剂（如轻柴油、汽油或苯）配制而成的。在施工时将它涂布在防潮层的基层材料（如水泥、混凝土等）上，由于它有良好的流动性和渗透能力，故能很好地渗入基层材料内。当溶剂挥发后形成一层沥青薄膜，提高了防潮层与基层材料的黏结能力。冷底子油可涂于金属、木材表面，用于防锈、防腐。冷底子油易燃，使用时必须特别注意防火和通风。冷库建筑工程中常用的冷底子油由 30%～40%（质量分数）的石油沥青与轻柴油混合而成。

③ 石油沥青玛蹄脂。为了提高沥青的耐热性，改善低温时的脆性和节约沥青用量，常在沥青中掺入一些填充料（如碱性矿物粉、石棉等，一般质量分数为 10%～30%）、增韧剂（如桐油等）和溶剂，这样配制出来的材料叫玛蹄脂。石油沥青玛蹄脂即沥青胶，根据有无溶剂，石油沥青玛蹄脂分为热用和冷用两种，用来粘接不同的物体。隔热结构中一般都使用热用玛蹄脂，是将石油沥青加热熔化后加入填充料配制而成，必须在熔化状态下（约 180℃）使用，主要用于在混凝土或水泥砂浆基面上粘接油毡和玻璃纤维布。冷用石油沥青玛蹄脂由石油沥青用溶剂溶化后加入填充料配制而成，可在常温下不加热使用（在气温 5℃以下使用需加热），主要用于粘贴多层油毡和聚苯乙烯泡沫塑料。

④ 石油沥青油毡。油毡是用低软化点石油沥青浸渍原纸，然后用高软化点石油沥青涂覆油纸两面，再用撒布材料粘在两面而制成的纸胎防水卷材。按原纸重量（g/m^2）的不同，分为 200 号、350 号和 500 号这三种标号。按浸渍的沥青材料不同，油毡分为石油沥青油毡和煤焦油沥青油毡。根据撒布材料的不同，石油沥青油毡又分为片状撒布材料面油毡和粉状撒布材料面油毡两种。冷库围护结构的防潮隔汽层应使用不低于 350 号的片状撒布材料面石油沥青油毡。煤焦油沥青油毡适用于地下工程防水。围护结构所用油毡要求外形整齐，无孔洞、裂纹、折皱、水渍及影响不透水性的其他外观缺陷，尺寸和重量均应符合规格。使用时，需将油毡表面的防粘撒布物清扫干净，以免影响粘贴。

⑤ 乳化沥青。乳化沥青主要由沥青、乳化剂、稳定剂和水等组分所组成，它是沥青在乳化剂水溶液的作用下，经乳化剂强力分散（沥青颗粒 1～6μm）而成的乳化液。在涂刷后，水分蒸发凝聚成密实的膜状防水层。乳化沥青与基层黏结牢固，涂膜的强度较大，主要用于冷库地下室防渗和局部防水。它还可与玻璃毡片配合使用，做成二毡三乳屋面防水层。与二毡三油相比，工料费可节省 50% 以上，防水材料重量减轻 79%。

⑥ 再生橡胶沥青油毡。它是一种不用原纸做基层的无胎油毡，是用废橡胶粉、高标号

石油沥青和掺合料（轻质碳酸钙），经脱硫后，在炼胶机上混炼，然后在压延机上压延而成的卷材。它的特点是具有良好的低温柔性、耐热性、耐水性及较好的化学稳定性和抗霉性。一层再生橡胶沥青油毡能代替一般的二毡三油。它主要用于冷库工程的防水层和建筑物变形缝的防水等。

⑦ 沥青防水油膏及稀释涂料。防水油膏是以石油沥青为基料配制而成的一种嵌缝的防水材料，主要用作各种预制屋面板接缝和大型墙板拼缝的防水处理。沥青防水油膏也可用松节油（汽油或柴油）做溶剂，稀释成涂料使用，涂于屋面防水时一般可刷 2~3 道。为防老化，刷最后一道时可掺 2%（质量分数）的云母粉或铝粉。施工时，先用冷底子油涂刷一次，再刷油膏稀释涂料，涂层厚度约为 2~3mm。这种涂料性能稳定，耐热抗冻、防水、耐老化，价格低廉，施工方便，效果较好。

2）塑料薄膜。

① 聚乙烯塑料薄膜。聚乙烯塑料薄膜的水蒸气渗透系数小、无毒、吸水率低、柔软、耐冲击性好，其缺点是不耐紫外线辐射。聚乙烯塑料薄膜的厚度为 0.02~0.07mm。双层或多层聚乙烯塑料薄膜错缝粘贴，可成为性能极好的防潮隔汽层。聚乙烯塑料薄膜较难粘接，施工时聚乙烯塑料薄膜可用醋酸乙烯-丙烯酸酯、乙烯-醋酸乙烯、聚丙烯酸酯、聚氨酯胶等黏结剂来粘接，以聚氨酯胶的性能较好。水泥与聚乙烯塑料薄膜之间可用乙烯-醋酸乙烯和聚氨酯胶粘接。

② 聚氯乙烯塑料薄膜。聚氯乙烯塑料薄膜的密度为 1230~1350kg/m³，防潮隔汽性能与聚乙烯塑料薄膜的性能接近，但抗拉强度和粘接性能优于聚乙烯塑料薄膜，透气性小于聚乙烯塑料薄膜。聚氯乙烯塑料薄膜通常是宽度为 3~9m，厚度为 0.02~0.2mm 的卷材，广泛应用于农业种植、包装、制作雨衣等防水用品。施工时聚氯乙烯塑料薄膜可用聚醋酸乙烯、醋酸乙烯-丙烯酸酯、过氯乙烯、聚丙烯酸酯、聚氨酯胶等黏结剂进行粘接，推荐采用聚氨酯胶。水泥与聚氯乙烯塑料薄膜之间可用聚醋酸乙烯和聚氨酯胶粘接。

冷库建筑工程中常用防潮隔汽材料的性能见表 1-9。

表 1-9　冷库常用防潮隔汽材料的性能

材料名称	密度/ （kg/m³）	厚度/ mm	热导率/ [W/(m·K)]	比热容/ [kJ/(kg·K)]	蒸汽渗透系数(导湿系数)/ [kg/(m·s·Pa)]	蒸汽渗透阻/ [m²·s·Pa/kg]
350 号石油沥青油毡	1130	1.5	0.27	1.59	3.85×10^{-7}	3900
刷一层石油沥青	980	2.0	0.20	2.14	2×10^{-6}	960
一毡二油		5.5				5900
二毡三油		9.0				10800
三毡四油		12.5				15700
聚乙烯塑料薄膜	915	0.07	0.16	1.42	5.6×10^{-9}	12400

3）其他防潮隔汽材料。

① 水泥砂浆。防水砂浆一般以水泥与砂子按 1:2~1:3 配比制成，主要用于砖砌外墙的抹面，以保护墙体不受风雨、潮气的侵蚀，提高墙体防潮、防风化、耐腐蚀的能力和耐久性。

② 聚氯乙烯胶泥。它是以煤焦油为基料，加入聚氯乙烯树脂、增塑剂、稳定剂及填充

料，经混合后在 130～140℃ 塑化而成的一种热施工防水接缝材料。这种胶泥配制简单，施工方便，且具有良好的防水性、黏结性、弹塑性和防寒性（-30℃），常用作屋面板防水嵌缝材料。

③ 氯乙烯水泥地面涂料。它是以过氯乙烯树脂为基料，加入增塑剂（邻苯二甲酸二丁酯）、填充料（300 号筛工业用滑石粉）等经混冻切片后，掺入 210 号松香改性酚醛树脂，溶于溶剂（丙酮、苯）中而制成的新型涂料。它的特点是干燥快，有很好的耐磨性，附着力强，有优良的防水、防潮和耐老化性，可涂于冷库水泥地面和楼面上，有防止地面起尘和防水的作用，也可用于屋面防水。

④ 聚氨酯黏结剂。聚氨酯黏结剂可用于隔汽防潮材料的粘贴，粘贴时不需要加热，常温下即可施工。但应配调好固化时间，若固化时间过长会影响施工。

应特别注意，有许多防水材料不能用于冷库的防潮隔汽（如建筑涂料 851 等），因有些材料的异味或色素会渗入食品内，这些异味、色素都会影响食品的质量。因此，在选用防潮隔汽材料时，必须是经过使用证明的可用材料，或是经过鉴定的可用材料。

4. 防潮隔汽工程施工

（1）准备工作

1）使用的石油沥青及油毡必须符合质量要求。

2）防潮层的基层应符合抹面工程的要求，表面要光滑平整。施工时基层的质量湿度不得超过 6%（抹面后约一星期），基层表面温度不低于 15℃，以防止日后防潮层脱落。基层在转折变化时应做成圆弧形，以免折断油毡。在此基层上先刷一道冷底子油。

3）在铺贴前，应将油毡边缘部的浮面污物及表面上的云母粉或砂粒扫除干净。

4）熔化沥青时先在锅内加入 50% 的沥青，加热至熔化后再加入 30% 的沥青，待熔化后再将其余的陆续加入。熔化沥青时要注意安全，在熔化处应设置泡沫灭火器、湿草包及锅盖等。当沥青燃烧时，应先用锅盖将锅盖上，上面再铺湿草包，并马上撤火。待炉灶内熄火后，慢慢打开锅盖，再加入一些沥青块，使锅内温度降低，就可恢复正常工作。

（2）铺贴油毡

1）施工时气温应不低于 5℃，露天施工时应避免日光暴晒，以防引起沥青黏结材料的流淌。

2）铺贴油毡时，应从下往上贴，这样可做到顺水，反水的做法是不允许的。贴毡时如遇门、洞，应将油毡剪开，弯进去 150mm，以便安装门樘和洞框时可以卡牢密闭。

3）铺贴油毡时，各层油毡的搭接宽度不得小于 100mm，并应注意碾平压实，使油毡和基层紧密粘贴（最好用喷灯烤热压实），油毡搭接缝口需用热沥青仔细封严。

4）屋面采用油毡铺绿豆砂时，必须将绿豆砂炒热并用滚子压实，将绿豆砂压入沥青内，防止流失。

目前采用的新型防潮隔汽材料 SBS（苯乙烯-丁二烯-苯乙烯嵌段共聚物），铺贴起来非常方便，可用喷灯边加热边铺贴，铺贴过程中一定要注意接缝处要压实。SBS 目前有取代传统铺贴油毡的趋势，只是造价比较高。

（3）检查验收　冷库的防潮层施工特别重要，因此在每一工序完成后应按规定进行验收，必须合格后才能进行下一工序。验收时应注意下列各点：

1）层次是否密实，是否连续而无中断处。

2）防潮层上有无起泡、起壳、裂缝、脱层等现象。

3）在转角处有无锐角及折损现象。

4）接头处是否密实，油毡是否压实。

5）有无机械损伤及塌落等现象。

1.2.4　冷库门的制作与安装

1. 门扇

（1）材料选用　可采用一般建筑钢材和经干燥处理的一级红松、杉木或材质相近的木材。

（2）面层　采用1~1.5mm厚镀锌铁皮或普通钢板，接缝可用咬口接或对缝焊，接缝要求光滑平整。

（3）骨架　门扇的骨架采用角钢制作，其平面误差不大于3mm，对角误差不大于2mm。

（4）隔热层　采用聚苯乙烯泡沫塑料外包聚乙烯塑料薄膜，热焊密封，分层错缝装入。

（5）油漆　所有铁件表面均刷防锈漆两道，门扇外表面喷（刷）浅色醇酸磁漆两道。

2. 五金

碰锁、外拉手、内推把手表面均应镀锌，其他五金零件均喷（刷）与门扇同类油漆两道。

3. 密封条

采用软质空心橡胶密封条。

4. 门樘

毛樘不外露部位涂防腐柏油两道，其余部分（如净樘、筒子板等）均涂与门表面同类的油漆两道。

5. 安装

1）先将电热线、密封条、碰锁、外拉手、内推把手、门轴等五金零件按设计要求装在门扇上（在制作门扇时要在门框上预先装好螺栓）。

2）修正毛樘，以保证净樘安装平直，毛樘与净樘之间垫一层矿棉毡，使之结合严密无缝隙。

3）将五金零件按设计要求装在净樘上，并在净樘上钻好木螺钉孔，然后装净樘。先用少量木螺钉将净樘按设计位置临时固定在毛樘上，再将门扇装入固定在净樘的上下门支座中，反复调整各五金部件及密封条的位置，达到开关灵活、四周门缝密闭。如果发现误差较大，则应将净樘拆下重新调整再安装，直到全部合乎设计要求，最后再用全部木螺钉将净樘固定在毛樘上。

1.3　制冷系统的安装与调试

1.3.1　安装前的准备

冷库制冷设备安装前的准备工作，是安装过程的一个重要阶段和环节，它关系到整个安装工程能否全面地、多快好省地完成。安装前的准备工作实际上贯穿于安装的全过程，有总的安装前准备，也有分阶段或工序间的准备。从工程开工前到全面施工阶段，需要进行一系列的准备工作。因此，安装前准备工作是一项有计划、有步骤、有阶段性的工作。

安装前准备工作的基本任务，除了了解工程的特点、工程总进度外，还应了解设备基础的交付时间、设备材料供应和到货情况、现场安装条件、技术的复杂程度，以及人力、机具的部署等，以制订切实可行的施工方案，为全面施工创造必要的条件。

1. 审核图样

(1) 施工图自审　自审首先要全面熟悉施工图样，根据施工图的要点仔细审阅图样，熟悉全部的施工技术资料，准确理解设计意图和施工要求，保证施工的顺利进行。

自审，主要是了解和掌握设备性能、安装的关键部位和技术标准数据，还可能发现施工图样中存在的问题，如图样不清、不全、缺少配合尺寸或相关尺寸不符，以及安装与土建配合等问题。

(2) 施工图会审　会审的目的，是解决设计中出现的问题，消除隐患，使设计更为合理，以利于施工各环节的密切配合，保证工程质量。图样会审的内容有两部分，即设计与土建、安装之间有关问题的会审和安装各工种之间（包括设备与管道、电气自控等）的会审。

会审工作是在自审的基础上进行的。制冷设备及附属设备安装的图样会审，主要是核对设备与基础之间的配合尺寸，如平面位置、标高、地脚螺栓孔尺寸，并审查管道、电气、自控等工程之间有无矛盾的地方。

2. 根据工艺图清点设备

根据施工图样的要求，施工单位与建设单位的管理人员一起对机器设备、附件及其所用阀门等规格、数量及装箱单进行开箱清点和外观检验，将检验的结果填入设备开箱检验记录表格中，作为技术档案存档。

设备开箱检查，是制冷设备安装前一项重要的准备工作。设备开箱检查的目的，是查明设备的技术状况、设备的质量和有无影响安装的因素。设备开箱前必须会同建设单位的有关部门人员进行，并做好检验记录，填入设备开箱检查记录的表格中。经检查后，如发现设备规格不符或其他缺陷，可作为建设单位向制造厂家交涉的依据。设备开箱检查的内容如下：

1) 设备开箱检查前，先核对箱号和箱数是否与单据提供的相符。如不符，不能马上开箱，应由建设单位进一步复查。

2) 开箱前应对包装的情况进行检查，即包装有无损坏、受潮等。

3) 设备开箱后要认真检查设备的名称、型号及规格是否符合设计图样的要求。

4) 根据装箱单清点出厂检验证书、使用说明书等设备技术文件是否齐全。

5) 根据装箱单和设备技术文件，进一步检查设备的主机及附属部件、零件、附件与专用工具等是否齐全，设备表面有无缺陷、损坏、锈蚀和受潮等现象。

6) 检查各种仪表装置等包装或铅封是否完整无损。开箱检查后的设备，在安装清洗、装配及试运转过程中，如发现设备的内外部有变形、损坏、缺件或与图样不符等情况，应请建设单位与制造厂家联系解决。

3. 组织安装队

冷库制冷设备安装必须配备比较熟练的各种技工，如制冷压缩机工、钳工、管工、电焊工、起重工等，同时配合土建单位编制好施工进度计划。以上准备办理妥善后，才能使制冷系统的安装工作顺利地进行。

4. 准备施工机具

在施工前，应提前准备好冷库制冷设备安装和试运转所需的专用机具和定型设备。定型设备有焊接管道用的电焊机和气焊设备，有试压、吹污用的空压机，有吊装机器和设备用的钢丝绳、链式提升机等，还有制作支架、吊架等用的台钻和专用机床。常用的专用机具有切管机、弯管机、坡口机、除锈机、套螺纹机、调直机等。

5. 浇灌设备基础

设备布局放样完成后，即可开始设备基础的施工准备，设备基础的形式按设备种类而定。制冷设备大都为混凝土结构和钢筋混凝土的块型基础。压缩机是动力设备，基础既要承受其载质量，又要保证其精度和寿命。设备的基础大多数要打地基，挖土，挖土深度和面积根据设备而定。

设备基础施工前，应事先将设备开箱检查，查对设计图样上的尺寸同设备是否相符，检查设备安装的地脚螺栓的数量、规格是否相符。为了保证设备安装的准确性，设备的地脚螺栓一般不直接埋入混凝土，而采用预留孔。小型设备安装时，如有充分把握，可不要预留孔，在浇灌混凝土时将地脚螺栓直接埋入基础内。

基础浇灌前，应照图样要求装好模板及地脚螺栓预留孔的模板，定位要准确，预留孔模板应垂直放置，防止歪斜，模板装入基础内的深度应满足地脚螺栓长度的需要。基础浇灌混凝土时，还要注意水、电等其他预埋件。混凝土的强度等级及用料应符合设计要求，没有设计图样的，一般基础的混凝土强度等级为 C8～C13。对于电动机功率在 100kW 以上的机器，基础混凝土需适当配置钢筋。混凝土浇灌完成后要进行 7～10 天的浇水养护，使混凝土保持湿润，并以草袋或麻袋覆盖。混凝土初凝后（一般约 8h），应拆除地脚螺栓的预留孔模板，若不及时拆除，待混凝土完全凝固后预留孔模板就不易拆除了。整个模板的拆除要待混凝土强度达到 50% 时再拆。

基础混凝土的强度要达到一定要求才能使用。检查强度的简易办法是敲击法，见表 1-10。检查基础的尺寸偏差是否达到要求见表 1-11。

表 1-10　检查混凝土强度等级的判断标准

混凝土强度等级	敲击声音	混凝土表面敲击情况	
		用小锤	用尖錾
C9～C12	响亮	几乎无痕迹	轻轻錾后稍有痕迹
C5～C7	音哑	有痕迹	錾后有 1～1.5mm 痕迹
0～C2	轻微	边缘有崩散凹痕	裂开并有崩陷现象

表 1-11　基础尺寸偏差允许值

检查项目		允许偏差/mm		
混凝土基础	主要尺寸(长、宽等)	±20		
	基础表面标高	±30		
	沟坑、孔和凹凸部分尺寸	±10		
地脚螺栓		螺栓直径/mm		
		≤50	>50～100	>100
	标高/mm	±5	±8	±10
	中心距/mm	±3	±4	±5
	垂直度/(mm/m)	±10	±10	±10
	中心标板上的冲点位置/mm	±1		
	基准点上的标高/mm	±0.5		

1.3.2 制冷压缩机的安装

1. 安装前的检查

（1）基础的检查 基础主要承受制冷压缩机本身重量的静载荷和制冷压缩机运转部件的动载荷，同时吸收和隔离由动力作用产生的振动，不允许发生共振，并且要耐润滑油的腐蚀。因此，设备的基础要有足够的强度、刚度和稳定性，不能发生下沉、偏斜等现象。在制冷压缩机安装前，应对基础进行仔细检查，发现问题要及时进行处理。

制冷压缩机基础一般由土建单位施工，向安装单位移交前必须共同检查。安装单位进行验收、确认合格后，才能进行下一工序的安装。基础检查的内容有：基础的外形尺寸、基础平面的水平度、中心线、标高、地脚螺栓孔的深度和中心距、混凝土内的埋设件等，这些均应符合设计或现行的机械设备施工及验收规范的要求。基础四周的模板、地脚螺栓孔的模板及孔内的积水等，应清理干净。对二次灌浆的光滑基础表面，应用钢钎凿出麻面，以使二次灌浆与原来基础表面接合牢固。

（2）基础的处理 基础经过检查后不符合要求的，应由土建单位进行处理。基础容易出现不合格的部位有标高不符合要求、预埋地脚螺栓的位置偏移及平面水平度超差等。基础的标高不符合要求有两种现象，即过高和过低。如标高过高时，可用錾子錾低；标高过低时，可在原基础平面上錾成麻面，用水冲洗干净后再补灌混凝土。预埋地脚螺栓如孔的位置偏差较小时，可用气焰将螺栓烤红后调整到正确位置。位置偏差过大时，可在螺栓孔周围凿一定深度后，将螺栓割断，按要求尺寸再搭焊一段。当基础中心偏差过大时，可考虑改变地脚螺栓的位置来调整。如基础平面水平度超差，应由土建施工人员进行修整，使水平度超差范围达到标准要求的5%以内。

2. 活塞式制冷压缩机的安装

（1）设备就位、找平和初平 制冷压缩机就位前，将其底部和基础螺栓孔内的泥土、污物清扫干净，并将验收合格的基础表面清理干净。根据施工图并按建筑的定位轴线，对其纵横中心先进行放线，可采用墨线弹出设备的中心线。放线时，尺子摆正而且拉直，尺寸要测量准确。

1）制冷压缩机就位。就位是开箱后将制冷压缩机由箱的底座搬到设备基础上。就位的方法较多，可根据施工现场的条件，任选其中一种。

① 利用制冷机房安装桥式起重机，将制冷压缩机直接吊装就位。

② 利用铲车就位。

③ 利用人字架就位。其方法为：先将制冷压缩机运至基础上，再用人字架挂上链式起重机将其吊起，抽去底座，将制冷压缩机安放到基础上。采用这种方法就位，在起吊时，钢丝绳应拴在制冷压缩机适合受力的部位上。钢丝绳与制冷压缩机表面接触的部位要垫上木垫板，避免损坏油漆和加工表面。悬吊时，制冷压缩机应保持水平状态。

④ 滑移的方法就位。采用这种方法是先将制冷压缩机和底座运到基础旁摆正，对好基础。再卸下制冷压缩机与底座连接的螺栓，用撬杠撬起制冷压缩机的另一端，将几根滚杠放到制冷压缩机与底座中间，使制冷压缩机落到滚杠上。再将已放好线的基础和底座上放三四根横跨滚杠，用撬杠撬动制冷压缩机使滚杠滑动，将制冷压缩机从底座上水平滑移到基础上。最后撬起制冷压缩机，将滚杠撤出，按其具体情况垫好垫铁。

采用滑移方法就位，应用力均匀撬动，制冷压缩机滑移时应平正，不能产生倾斜等现象，注意人身和制冷压缩机的安全。

2）制冷压缩机找正。找正就是将其就位到规定的部位，使制冷压缩机的纵横中心线与基础上的中心线对正。制冷压缩机的单体设备与其他设备之间互不影响，找正的方法较为简单，可用一般量具和线锤进行测量。如制冷压缩机摆不正，用撬杠轻轻撬动进行调整。在对制冷压缩机进行调整时，除使其中心线与基础中心线对准外，还应使制冷压缩机上的管座等部件的方位符合设计要求。

3）制冷压缩机的初平。初平是在就位和找正之后，初步将制冷压缩机的水平度调整到接近要求。制冷压缩机的地脚螺栓灌浆并清洗后再进行精平。采取两次水平度调整的原因有两个：其一是制冷压缩机就位后地脚螺栓孔未灌浆，水平度调整后不能固定；其二是初平时设备未经清洗，测量的结果不够准确。

制冷压缩机就位后，将地脚螺栓穿到设备机座的预留孔内，加套垫圈并拧上螺母，使螺纹外露2~3扣。初平后将基础的地脚螺栓孔用混凝土灌浆。这种方法常称为二次灌浆法。与一次灌浆法相比，其优点是对螺栓中心距、垂直度、外露长度等易于控制，不会产生螺栓与制冷压缩机孔不吻合的现象，如有偏差也有调整的余地。

① 初平前的准备。准备工作要从两方面进行：第一是地脚螺栓和垫铁的准备，其二是确定垫铁的垫放位置。地脚螺栓和垫铁是设备安装中常见的金属件，在安装过程中，制冷压缩机一般用垫铁找平，再用地脚螺栓固定。

地脚螺栓按其长短不同分为长型和短型两种。短型地脚螺栓适用在工作时动力和负荷较轻且冲击力不大的制冷设备。短型地脚螺栓的长度为100~1000mm，它的式样很多，其外形如图1-24所示。地脚螺栓的直径与设备底座孔径有关，螺栓直径应比孔径小几个毫米。

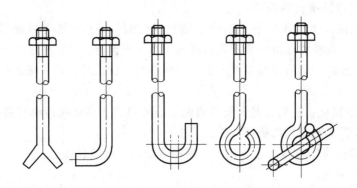

图1-24 短型地脚螺栓的外形

地脚螺栓的长度与其直径及垫铁高度、机座和螺母的厚度有关，在选择地脚螺栓的长度时，可按下式确定，即

$$L = 15d + s + (5 \sim 10)\,\text{mm}$$

式中，L 是地脚螺栓的长度（mm）；d 是地脚螺栓的直径（mm）；s 是垫铁高度、机座和螺母厚度的总和（mm）。

在设备安装中使用垫铁，是为了调整设备的水平度。垫铁要承受设备的重量，同时当设备与基础固定在一起时，垫铁还要承受地脚螺栓的锁紧力。

垫铁的种类很多，有斜垫铁、平垫铁、开口垫铁、开孔垫铁、钩头成对垫铁及可调整垫铁等。在制冷压缩机安装中，常用的垫铁是斜垫铁和平垫铁，其他垫铁应用在有特殊要求的场合。垫铁常用铸铁或钢板制成，厚垫铁多用铸铁，薄垫铁常用钢板。常用的斜垫铁和平垫铁外形如图 1-25 所示。

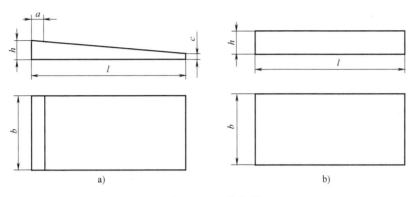

图 1-25　垫铁外形
a）斜垫铁　b）平垫铁

初平前，先将垫铁组放好，垫铁的中心线应垂直于设备机座的边缘。平垫铁外露长度为 10~30mm，斜垫铁外露长度为 10~50mm。每一垫铁组应尽量减少垫铁的块数，一般不超过三块，并少用薄垫铁。放置平垫铁时，最厚的放在下面，最薄的放在中间，精平后应将钢板制成的垫铁相互焊牢。每一垫铁组应放置整齐、平稳、接触良好、无松动。如有松动，应换上较厚的垫铁。

② 初平。初平是在制冷压缩机的精加工水平面上，用框式水平仪测量。如水平度超差很大，可将低的一侧平垫铁换上一块厚垫铁；如水平度超差不大，可用打入斜垫铁的方法逐步找平，即设备哪一边低，就打哪一边的斜垫铁，直到接近要求为止。现行的施工规范中要求，其纵向和横向的水平度不应超过 0.2/1000。

在初平过程中，使用框式水平仪等精密量具时，应将精加工面用软布或棉纱擦干净，防止将底框污染或磨损。特别在调整设备的水平打垫铁时，必须将精密量具拿起，避免振坏。

在初平过程中，如斜垫铁打入量过多，外露部分接近规范中规定的下限值时，应更换斜垫铁，以保证在精平时有足够的调整量，最后的外露量应满足规范的要求。

（2）设备的精平和基础抹面

1）地脚螺栓孔二次灌浆。制冷压缩机初平后，可对地脚螺栓孔进行二次灌浆。灌浆采用细石混凝土或水泥砂浆，其强度等级至少比基础高一级。为了灌浆后使地脚螺栓与基础形成一个整体，灌浆前应使基础孔内保持清洁，油污、污土等杂物必须清理干净。每个孔洞的混凝土必须一次灌成。灌浆后应洒水养护，养护不少于 7 天。待混凝土养护达到强度的 70% 以上时，才能拧紧地脚螺栓。混凝土达到 70% 强度的时间与气温有关，参见表 1-12。

表 1-12　混凝土达到 70% 强度所需天数

气温/℃	5	10	15	20	25	30
所需天数	21	14	11	9	8	6

2）精平。精平是设备安装很重要的工序。它是在初平基础上对设备的水平度做进一步

调整，使之达到规范或设备技术文件的要求。精平就是使设备达到水平状态，其目的如下：

① 保持设备的稳定及重心作用力的平衡，防止变形且减少运转中的振动。

② 减少设备的磨损和动力消耗，延长设备的使用寿命。

③ 保证设备的正常润滑和运转。

应根据制冷压缩机的具体情况来确定精平的方法，简述如下。

① 立式和 W 型压缩机。这两种类型压缩机精平，可用框式水平仪在气缸端面或压缩机进排气口（拆下进排气阀门及直角弯头）进行测量。如果 W 型压缩机气缸直径较大，也可在直立气缸的内壁上进行测量。

② V 型和 S 型压缩机

V 型和 S 型压缩机精平，可用角度水平仪在气缸端面测水平。如果无角度水平仪，可在压缩机的进排气口和安全阀法兰端面进行测量。

采用铅垂线法精平 V 型和 S 型压缩机时，可用铅垂线挂在飞轮的外侧，在飞轮外侧正上方选一点，并用塞尺测量此点与铅垂线的间距。再转动飞轮，将上方测点转至下方，并用塞尺测量该点与铅垂线的间距，这两个间距如不等，则调整斜垫铁，直至两个间距相等为止。

③ 联轴器在安装中会出现以下几种情况：

a. 第一种情况如图 1-26a 所示，即两轴的中心线完全重合，这是安装中最理想的状况。

b. 第二种情况如图 1-26b 所示，两轴中心线不重合，有径向位移，但两轴的中心线是平行的。

c. 第三种情况如图 1-26c 所示，两轴中心线在联轴器处有共点，但不是一条线，相互之间有角位移。

d. 第四种情况如图 1-26d 所示，既有径向位移，又有角位移，这是在安装中最有可能遇到的情况。

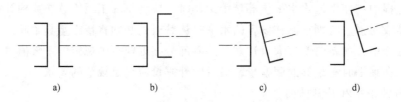

图 1-26　联轴器的联接状况

a）正确联接　b）径向位移　c）角位移　d）多向位移

在校正联轴器的中心时，通常以制冷压缩机为基准移动电动机，使电动机的轴与制冷压缩机的轴对中。联轴器初步找正，不转动两轴，以角尺的一边靠在联轴器的外缘表面上，按上、下、左、右的次序进行检查，直到两半联轴器平直为止。电动机与制冷压缩机的联轴器外缘表面平齐，只表明联轴器的外圆轴线同心，而有时由于联轴器存在制造上的偏差，还要进行精确找正。精确找正一般用一点法来进行，一点法是指在测量一个位置上的径向间隙的同时也测量同一位置上的轴向间隙。测量时，让两半联轴器向着相同方向一起旋转，测量旋转到 0°、90°、180° 及 270° 四个不同位置时的径向间隙值和轴向间隙值，比较对称点上的两个径向间隙值和轴向间隙值（0° 与 180° 位置，90° 与 270° 位置），若对称点上的数值不超过产品说明书上允许的不同心度偏差，则认为合格，否则，需要进行调整。调整时通常采用在垂直方向加减电动机支脚下面的垫片或在水平方向移动电动机位置。移动电动机找正，根据偏移情况采取逐渐逼近的经验方法来实现。

3）基础抹面。设备精平后，将制冷压缩机机座与基础表面的空隙用混凝土填满，并将垫铁埋在混凝土内，用以固定垫铁并将制冷压缩机负荷传递到基础上。灌浆前，应在基础边缘放一圈外模，如制冷压缩机底座下不需要全部灌浆时，应根据情况安设内模。内模板到制冷压缩机机座外缘的距离应不小于100mm或不小于机座底筋面宽度。灌浆层的高度，在机座外面应高于机座的底面。灌浆层的上表面应略有坡度，坡向朝外，以防止油、水流入制冷压缩机机座。混凝土凝固前，用水泥砂浆抹面。抹面砂浆应压密实，应抹成圆棱圆角，表面光滑美观。

3. 螺杆式制冷压缩机的安装

（1）安装前的准备工作

1）设备搬运。机组在运输过程中，应防止机组发生损伤。运达现场后，机组应存放在库房中。如果没有库房必须露天存放时，应把机组底部适当垫高，防止浸水，箱上必须加以遮盖，以防雨淋。机组吊装时，必须严格按照厂方提供的机组吊装图进行施工。

在安装前，必须考虑好机组搬运和吊装的路线，在机房预留适当的搬运口。如果机组的体积较小，可以直接通过门框进入机房。如果机组的体积较大，可待设备搬入后再进行补砌。如果机房已建好又不想损坏，而整机进入机房又有一定困难，此时机组可以分体搬运。一般是将冷凝器和蒸发器分体搬入机房，然后再进行组装。

2）开箱。

① 开箱之前将箱上的灰尘泥土扫除干净，查看箱体外形有无损伤时，要注意不要碰伤机件。

② 开箱时一般从顶板开始，如拆开顶板有困难，可选择适当处拆除几块箱板，观察清楚后，再进行开箱。

③ 根据随机出厂的装箱清单清点机组、出厂附件以及所附的技术资料，并做好记录。

④ 查看机组型号是否与合同中所订机组相符。

⑤ 检查机组及出厂附件是否损坏、锈蚀。

⑥ 如机组经检查后不及时安装，必须将机组加上遮盖物，防止灰尘及产生锈蚀。

⑦ 设备在开箱后必须注意保管，放置平整。法兰及各种接口必须封盖、包扎，防止雨水、灰砂侵入。

（2）机组的**基础** 当螺杆式制冷压缩机以机组的形式安装时，只要在基础上按图样要求尺寸放置好支板，支板浇注在基础上，然后在支板上安置好盖板、防振橡胶垫及底板即可，如图1-27所示。让螺栓穿过盖板和防振橡胶垫拧在底板

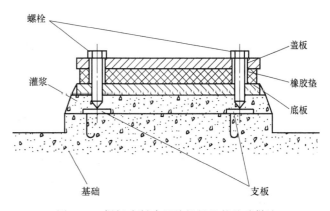

图1-27　螺杆式制冷压缩机机组的基础做法

上，并且使螺栓透过底板紧压在支板上。安装时，把底板调整到与基础间的高度符合要求，然后将机组吊放在盖板上。一台机组的基础上通常要放 8~10 组，所以在将机组吊放于盖板上之前，调整底板尺寸也应注意，要把各组盖板置于同一水平面上。

机组的找平可以用水平仪在机体顶部法兰口的平面上测量水平，用拧在底板上的螺栓进行调整。机组纵向、横向的水平允许差值为 1.5/1000 以下。

机组找平后，底板上的调节螺栓均应压紧在支板上，然后如图 1-27 所示进行灌浆。对于灌浆的一般要求是：

1）应将基础面上的杂物、尘土及油垢冲洗干净，表面麻面坑内不能有积水，灌浆前在基础周围钉好模板。

2）机组找平后需及时灌浆，如超过 48h，则需重新核对中心位置及水平度。

3）灌浆时应随时振动，使其密实，特别是在基础和底板之间不能有气孔等缺陷存在。要注意的是，灌浆工作不能间断，一定要一次完成。

4）当碎石混凝土稍硬时即可拆除模板，将机组底盘外面的灌浆层用砂浆抹平整，并向基础外边略抹坡度，同时将其他部分抹光。

5）灌浆及基础养护工作要在气温不低于 5℃时进行，否则，需采取加入防冻剂或加热养护等措施，以保证质量。

（3）机组就位

1）防振。螺杆式制冷压缩机是回转式压缩机，动力平衡性能好，振动小，所以对基础的要求较活塞式制冷压缩机低，参照活塞式制冷压缩机的基础制作和安装要求，可以满足要求。一般螺杆式制冷压缩机组在安装时，需要在地基上安装防振垫片。但随着螺杆式制冷压缩机组的发展，机组的振动大大减小，有的机组已不需要防振垫片，可以直接将机组安装在地基上，紧固地脚螺栓即可。

2）就位。螺杆式制冷压缩机的就位方法大多数是吊装就位，基础的精平工作有两种：一种是与活塞机的精平方法一样，另一种即是图 1-27 中所采用的方法。

3）水管路连接。机组在就位后，需要连接冷却水管路，水管路的连接形式有法兰连接、螺纹连接及焊接等形式。一般螺杆式制冷压缩机组都采用法兰连接，但也有的采用焊接。有的小制冷量的机组，由于水管接口较小，也可以采用螺纹连接。与机组连接的水管建议采用软管，防止由于机组振动或移动而对水管路带来损伤。

4）电气安装。电气安装方面，目前螺杆式制冷压缩机组都已将机组的配电柜、起动柜和控制柜集成在机组上了，所以只需要将电缆线连接至配电柜中即可。具体的连接方法和连接形式因制造厂家不同而异，需参考各自的技术资料。

1.3.3　制冷设备的安装

1. 制冷设备安装前的一般要求及注意事项

1）制冷设备都是压力容器，在安装前应注意检查制造厂是否提供了压力容器的竣工图样（如在原蓝图上修改，则必须有修改人、技术审核人确认标记，并盖有竣工图的图章）、产品质量证明书、压力容器产品安全质量监督检验证书。压力容器受压元件的制造单位，应参照产品质量证明书的有关内容向用户提供技术资料。现场组焊的压力容器竣工并经验收后，施工单位也要提供前面所述及的技术文件和资料。按有关规定，还将提供组焊和质量监检的技术资料。当然，现场组焊压力容器的焊接人员必须具有相应的专业证书。

2）制冷设备到现场后应加以检查和妥善保管。对封口已敞开的应重新封口，防止污物进入，减少锈蚀。对放置过久的设备，安装前应检查内部是否有锈蚀或污物污染，并用压缩空气进行单体排污。

3）浇灌基础时要按具体设备的螺孔位置布置样板，并预埋地脚螺栓。样板必须平整，尺寸必须正确，用水平尺校核水平。浇灌混凝土时，地脚螺栓的位置不能移动。

4）低温设备安装时，为了尽可能减少"冷桥"现象，在基础之上应增设垫木。使用的垫木应预先在沥青中煮过，以防腐朽。低温设备周围应有足够的空间，保证隔热层的施工。低温设备与其连接的阀门之间应留出隔热层厚度的尺寸，以免阀门被没入低温设备的隔热层内，影响阀门的操作和维修工作。

5）对有玻璃管液面指示器的设备，在安装前应拆下玻璃管液面指示器的玻璃管，待设备安装就位后重新装上，且应给玻璃管设防护罩。

6）在设备安装过程中进行搬运、起吊时，应注意避免碰撞设备的法兰、接口等部位，并要合理选择起吊点及绳扣的位置。

2．冷凝器的安装

冷凝器的类型很多，按不同的分类方法，一般分为水冷式、空气冷却式、蒸发式、壳管式和淋激式等。其中使用最普遍的是以水为冷却介质的壳管式冷凝器，它又可分为立式和卧式两种。

（1）立式壳管式冷凝器的安装　立式壳管式冷凝器一般安装在室外，利用冷凝器的循环水池作为它的基础，因此安装位置较高，有利于氨液顺利地流到高压贮液器。立式冷凝器在水池上安装有单台式、多台并列式等形式。

立式壳管式冷凝器在水池顶上的安装，有浇灌钢筋混凝土于池顶和利用焊接槽钢或工字钢在池口预埋铁两种方法。用浇灌钢筋混凝土的方法时，需要埋好地脚螺栓。用槽钢或工字钢安装时，可根据冷凝器底板螺栓孔位置在槽钢或工字钢上划线，然后将槽钢或工字钢焊于水池上的预埋钢板上，通过在槽钢或工字钢上开螺栓孔，将冷凝器固定。

检查混凝土或钢架基础合格后，即可将冷凝器吊装就位，再进行找平找正。立式冷凝器应安装垂直，全长允许偏差不超过5mm，可用线锤进行找直。安装后，在冷凝器的顶端放置好布水器，要注意布水器不能有缺损。若冷凝器上部为溢水挡板，则安装时不得有偏斜现象。

为了操作和检修，立式冷凝器通常要做操作平台。操作平台包括平台、栏杆和爬梯三部分。操作平台形式按冷凝器的台数及安装形式的不同而不同，制作安装时可根据具体形式按标准图选用。操作平台位置应在立式冷凝器的上部，通常做法是靠焊接在冷凝器壳体上的支承托着。在冷凝器筒壁上焊接支承时，应注意焊接质量，防止由于焊接不当损伤器壁，造成在使用时产生泄漏。冷凝器是压力容器，不能在容器上随意乱焊。在筒壁上焊接斜支承时，必须经过当地劳动部门的许可，焊后要经过压力及有关检验后才能使用。

在安装立式冷凝器的过程中，需要注意的是，必须认真核实冷凝器和油氨分离器及高压贮液器的设计标高尺寸，以维持油氨分离器中的液面线。一般首先确定贮液器的标高，然后确定立式冷凝器的标高，要求冷凝器中氨液能自动流入贮液器。最后确定洗涤式油氨分离器的标高，使油氨分离器的进液管标高比冷凝器的出液管标高低300mm。油氨分离器的进液管应从冷凝器出液集管的底部接出。图1-28所示为立式冷凝器、洗涤式油氨分离器与贮液器的组合方案。

（2）卧式壳管式冷凝器的安装　卧式壳管式冷凝器一般安装在室内，也可以安装在室外。安装在室内时，应考虑在它的一端留有相当于冷凝器内管子长度的距离，或在对准它的端部处开有门、窗，便于修理或更换管子。采用卧式冷凝器时，为了减少占地面积和管路长度，常常把贮液器设在卧式冷凝器下部。但是，安装高度必须保证冷凝器中的氨液能顺利地流到贮液器中。卧式冷凝器必须排液顺畅，若冷凝器内积存氨液，将使冷凝面积减小。因此，冷凝器出液管的截止阀应低于出液口至少300mm，使阀的上方有一段液柱，从而能克服阀门及弯头的阻力。卧式冷凝器出液

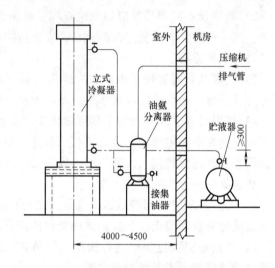

图 1-28　立式冷凝器、洗涤式油氨分离器与贮液器的组合方案

水平管必须高于油氨分离器进液管 250～300mm。多台卧式冷凝器并联时，可以按图1-29a、b 所示的两种方法布置。

卧式冷凝器一般用混凝土基础，也可以用槽钢做支架。当卧式冷凝器和贮液器叠起来安装时，可以共同安装在混凝土基础、槽钢支架上，卧式冷凝器安装水平允许偏差（坡向集油包端）为 1.5/1000。封头盖上的放气、放水阀应用管子接至地漏，阀门可移至管段中安装，以便于开关。

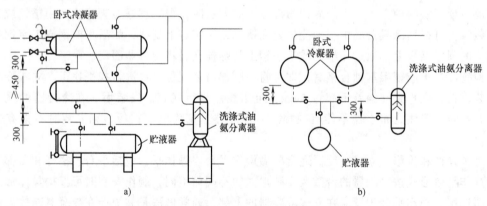

图 1-29　卧式冷凝器与高压贮液器的组合
a）两台冷凝器纵列方式　b）两台冷凝器横列方式

（3）蒸发式冷凝器的安装　蒸发式冷凝器一般安装在机房顶部，机房的屋顶结构需特殊处理，要求能承受蒸发式冷凝器的重量。蒸发式冷凝器安装必须牢固可靠且通风良好，安装时其顶部应高出邻近建筑物 300mm，或至少不低于邻近建筑物的高度，以免排出的热湿空气沿墙面回流至进风口。若不能满足上述要求，安装时应在蒸发式冷凝器顶部出风口上装设渐缩口风筒，以提高出口风速和排气高度，减少回流。

蒸发式冷凝器的安装也有单台式和多台并列式等安装形式。安装时需注意与邻近建筑物

的间距，一般要注意以下情况：

1）当蒸发式冷凝器四面都是墙时，安装时进风口侧的最小间距应为 1800mm，非进风口侧的最小间距为 900mm。

2）当蒸发式冷凝器处于三面是实墙，一面是空花墙时，进风口侧的最小间距应为 900mm，非进风口侧的最小间距为 600mm。

3）当两台蒸发式冷凝器并联安装时，如两者都是进风口侧，它们之间的最小间距应为 800mm；如一台为进风口侧，另一台为非进风口侧时，其最小间距为 900mm；如两台都不是进风口侧时，最小间距为 600mm。

当蒸发式冷凝器采用同轴连接的离心式风机或水盘内设有电加热器时，上述 2）和 3）两种情况下，其最小间距应当加大，以利于维修。

在保证蒸发式冷凝器与邻近建筑物之间的距离后，在安装时还要注意蒸发式冷凝器的水盘离地面高度不宜小于 500mm，以便于管道连接、水盘检漏和防止地面脏物被风机吸入。

在进行蒸发式冷凝器的配套安装时，对于单组冷却排管的蒸发式冷凝器与贮液器的进液配管，可用液体管本身进行均压，水平管段的坡度为 1/50，坡向贮液器。如阀门安装位置受施工条件所限，可装在主管上，但必须装在出液口 200mm 以下。

3. 蒸发器的安装

（1）排管的形式和特性　排管的形式可根据制冷系统采用的制冷剂、传热表面状况、在库房配置的位置、排管的构造和排数，以及制冷剂的供液方式等进行分类。现在冷库建设中广泛采用的排管是制冷剂直接蒸发式排管，采用的制冷剂大部分为氨，所以本小节介绍氨直接蒸发式排管。在冷库中较常用的排管形式有盘管式排管、立管式墙排管、集管式顶排管、搁架式排管等。

1）盘管式排管。盘管式排管适用于重力供液和氨泵上进下出式供液系统，特点是构造简单、制作方便、适用性强，缺点是排管入口处管段中形成的气体必须经盘管全长后才能由出口处接口排出，制冷剂流动阻力增大，内表面传热受到影响，所以这种排管的单根盘管长度不宜超过 50m。单根制盘管式排管的管间距 S 取决于连接弯管采用的曲率半径 R。其关系为

$$S = 2R$$

一般排管用 $\phi38mm \times 2.2mm$ 无缝钢管制作，盘管式排管的管间距为 140～160mm。"双套弯"的两根制盘管式排管管间距可以缩小，可采用 80～110mm。

2）立管式墙排管。立管式墙排管适用于重力供液系统的老式排管形式，不适用其他制冷系统，所以在用氨泵强制循环供液时，一般都不采用这种排管。

3）集管式顶排管。集管式顶排管是冷库中应用较为广泛的一种顶排管，适用于重力供液系统和氨泵下进上出式供液系统中。集管式顶排管结霜比较均匀，制作安装也较方便，根据使用的要求不同可以制作成单排和双排的形式。

4）搁架式排管。搁架式排管是集管-盘管式排管的一种变型，一般由回气和供液集管连接若干组盘管构成。在重力供液式系统和氨泵下进上出式供液系统中，氨液由下部供入供液集管，而后顺序流经盘管的各层横管，吸热蒸发后形成气体或气液混合物，经设置于排管上部的回气集管进入回气管道。搁架式排管的优点是货物装载量大，排管传热系数较高，耗电

量小和冻结时间较短。缺点也很明显，排管的液柱作用大，操作的劳动量大且繁重，除霜麻烦及对需冻结货物的适应性较差。搁架式排管一般设置于冻结间和小型冷库的冷藏间内（这种小冷库没有冻结间）。搁架式排管一般采用 $\phi38mm\times2.2mm$ 或 $\phi57mm\times3.5mm$ 无缝钢管制作。每层管子的水平中心距，当采用 $\phi38mm\times2.2mm$ 管子时为 80～100mm，采用 $\phi57mm\times3.5mm$ 管子时为 100～200mm。每层管子的垂直中心距视盛放冻结食品的盘高或货物的高度而定，一般为 250～400mm。最底下一层距地坪不宜小于 250mm，最高一层管子距离地坪高度不宜大于 1800mm，以免操作工人弯腰、踮脚或借立凳进行操作。搁架式排管的层数以偶数为宜，可使进液和回气集管位于排管的同一侧，便于安装和操作。搁架式排管通常采用通风机来提高空气流速，有组织强制通风的搁架式排管较自然对流状况下的搁架式排管约可缩短一半冻结时间，通风机一般采用轴流式通风机。轴流式通风机的位置对冻结间内气流组织和搁架式排管的冻结效果有很大的影响，布置时要考虑得当。

（2）排管的预制组装　制冷工艺的蒸发排管预制组装准备工作很多，其中包括场地准备、人员组织和预制组装。对目前冷库中常用的双层光滑顶排管而言，应根据库房排管的大小和形式设置预制场，在预制场中对管子进行坡口、除锈、刷油、调直、弯管等各单项工序的加工处理，然后按图样下好料进行蒸发排管的 U 形弯和集管加工。预制的集管（用 $\phi76mm\times3.5mm$ 和 $\phi57mm\times3.5mm$）的无缝钢管制作和弯制成180°的 U 形弯到现场配管组装。组装时，将集管放在预制好的支架上，将全部按尺寸断料的 $\phi38mm$ 无缝钢管伸入集管中，安装好排管的上下两道支架。$\phi38mm$ 无缝钢管伸入集管的深度要求为 10mm，为保证这个尺寸值，先用一根 $\phi50mm$ 钢管插装在 $\phi76mm\times4mm$ 的集管中，这样每根 $\phi38mm$ 钢管伸入联箱孔内不用再量尺寸就能保证伸入深度要求。当全部 $\phi38mm$ 钢管在集管孔内就位后，再依次用 U 形螺钉管卡将 $\phi38mm$ 钢管固定在排管的角钢支架上，然后就可把 $\phi50mm$ 钢管从集管中抽出。在排管一端与集管接好后，进行双层组对。另一端用弯成180°的导管接好，全部焊接完毕后，再按图样检查固定排管的角铁支架位置。组对连接结束，对排管用 1.6MPa 的压缩空气进行不少于三次的吹污，随着吹污的进行，用榔头敲打管道，把内部焊口处的氧化铁皮吹出。完成吹污工作后，焊接两个集管的封头，再用 1.2MPa 或 1.6MPa 的压缩空气进行整组排管的单体试压，检查合格后可做吊装准备。

搁架式排管和其他类型的排管也由两个集管和中间的配置管所组成，只不过中间的配置管形式不同而已，所以各类排管的预制组装大同小异，基本工序相同。

（3）排管的吊装和安装要求　蒸发排管通常采取整体吊装。当蒸发排管面积较大时，其本身的刚性较差，为避免吊装时发生变形，必须采取加固措施。加固的方法除按图样规定装好各排管的角钢支架和吊点支架外，在排管底部还要利用槽钢或工字钢再做一吊装托架。吊装时根据排管长度和重量确定吊点数量和位置，起吊前应预先将楼板上的预埋螺栓校正好。排管的吊装应由一人指挥，动作一致，以保证整组排管水平上升。当排管上升到预定位置时，拧好预埋螺栓螺母。排管吊装的螺栓在拧紧螺母后应伸出螺母四个螺距，在拧紧螺栓时应校正排管的水平及坡度。排管的水平和坡度可通过在吊架螺栓处加垫圈来调整。

排管的安装有一定的基本技术要求，墙排管中心与墙壁内表面间距离不小于 150mm，顶排管中心（多层排管为最上层管子中心）与库顶距离不小于 300mm。排管安装的其他基本技术要求见表 1-13。

表 1-13　排管安装技术要求

检查部位		允许偏差
集管上套支管用孔的位置	顺轴线方向位移	≤1.5mm
	横轴线方向位移	不允许
同一房间内各组排管的标高		±5mm
横管式排管各横管的平行度		≤1/2000
立管式排管各立管的平行度		≤1/1000
排管平面的翘曲(一角扭出平面的距离)		≤3mm
排管的水平误差		≤1/2000
顶排管上、下弯曲		不允许

(4) 冷风机的安装

1) 冷风机的特性。冷库用冷风机,依据其在冷库中的位置和对库房进行冷却的方法分为集中式冷风机和分散式冷风机两大类。集中式冷风机是根据冷库库房的平面位置和功能,按楼层或库房分区组成若干个部分集中设置。这种布置形式的特点是设备投资小,冷风机可设置于库房外 (如常温穿堂、冷库顶层等),并能在同一系统各库房间调配使用,便于发挥冷风机的效能。但有些需要设置库房外的空气分配管道系统,系统调节操作较为复杂,难以实现冷却过程的自动化。

分散式冷风机是把冷风机设置于各个需要冷却的库房内,因而有占用库房有效面积和空间、检修困难、设备投资高等缺点。但这种布置方法具有操作调节方便、易于实现冷却过程的自动控制,以及空气分配管道系统较为简单等突出优点。现在冷库一般都采用分散设置于各库房中的分散式冷风机。分散式冷风机根据其在库房中的位置,可分为落地式冷风机和吊顶式冷风机。落地式冷风机在冷库内靠墙安装,吊顶式冷风机则悬挂或搁置在冷库内库顶下面。

冷风机包括空气冷却器和通风机两部分。通风机的设置,依据其和空气冷却器的相对位置分为压出式布置和吸入式布置。压出式布置是把空气冷却器置于通风机的压出端,空气流向是分别流经通风机和空气冷却器。吸入式布置是把空气冷却器置于通风机的吸入端,空气流向是分别流经空气冷却器和通风机。

压出式布置的特点是通风机用电动机的发热使空气冷却器进风温度升高,因此在给定空气与制冷剂的温度差条件下导致蒸发温度相应地升高,从而提高制冷压缩机的制冷能力。空气的析湿程度小,能够维持库内空气具有较高的相对湿度。当空气冷却器后不连接空气分配管道时,出口处风速小,要求出口的动压也小,因此可以充分地利用通风机产生的全压。

吸入式布置的特点是通风机出风速度较高,在库房中可直接应用无管道的自由射流送风,空气冷却器处于负压端,所以在空气冷却器进口处可直接从室外导入新风而不需另设新风系统。若在空气冷却器出口处也导入新风,则易于维持库内较高的空气湿度。由于通风机输送温程度较低的空气,故同一型号的通风机以重量计的风量和全压较压出式高,空气冷却器处于负压端,一般认为其中的空气流速易于均匀。

2) 冷风机安装及注意事项。冷风机安装在土建施工时,要核对冷风机的型号,检查是否与工艺设计图样相符合。当冷风机用于白条肉冻间时,大多采用落地式冷风机,冻结间的宽度采用 6m 时，轨道股数不多于 5 道，冷风机应沿冻结间长度方向布置。在布置吊轨时，由于冷风机一侧处于冷空气的回流区内，冻结速度不如冷风机对面靠墙一侧快，所以应优先从冷风机对面一侧靠墙开始，不要留走道。冷风机与最近一股轨道之间应留 1.2~1.5m 的距离作为走道。轴流风扇与冷风机外壳之间应采用软管连接，出风轴心角度可以是水平的，也可以成 15° 俯角，通常采用轴流通风机底座下加楔形垫块的方法来调整出风角度。冷风机靠墙一侧应留有 350~400mm 的距离。

对轨道吊笼冻结装置，循环冷风的气流为横向气流，要力求各断面上的气流均匀。安装时，根据吊笼的高度尽量压缩吊笼上下的空间，减少旁通风量，迫使气流均匀地吹过吊笼。出风口的分布应与吊笼的长度、高度和层数相适应。回风端是否设置调节风门，依冷风机回风口的高低而定，通常落地式冷风机回风口高出地面 600~1000mm。当吊笼距冷风机的水平距离在 1m 以上时，回风端可以不设置调节风门。当轨道吊笼冻结装置采用下吹风的气流组织方式时，冷风机的出口与吊笼间的距离应在 1.2m 以上，在风机出口需装上三叶可调导风板，组织气流。

所有落地式冷风机的安装必须要求平直，先把骨架装正找平，然后焊好水盘，再分层装好，在各层的法兰之间用橡胶垫圈垫匀，用螺钉压紧，不得有漏水、漏风现象。为防止冷风机各法兰接口不严密，法兰间的橡胶垫圈不能对口平接，而应上、下斜口搭接，橡胶垫圈的边沿不应突出法兰以外。

当采用吊顶式冷风机时，应预埋好吊顶螺栓，把冷风机直接固定在楼板顶上。固定时应注意找平，然后用双螺母和垫弹簧垫圈拧紧。

冷风机一般采用水融霜，但是水对冷库有很大的危害性，所以采用水融霜的冷风机必须要有严密不透水的外壳，并有使融霜水不致溅入库内的承水盘。此外，还要求有畅通的排水管道。三者缺一不可。

融霜水系统在设置时，供水总管应敷设在常年温度大于 0℃ 的穿堂内或其他场所。进入库内的融霜水支管进库位置应最高，一直到冷风机淋水管管段。在安装时，融霜供水管道采取风机方向找坡，坡度为 0.03，使库内融霜水管道在停止供水后不会发生冻塞现象。而吊顶式风机，融霜供水管进库位置应低于库内融霜淋水管道的最高位置，安装时可采取从最高位置处向淋水管和融霜供水管进库位置两边找坡，坡度为 0.03。在融霜供水管的库外控制阀后应有排水，以便在融霜结束后排尽管内存水。库房内部的供水管道应包隔热层，为防止"冷桥"，隔热层应延伸至库外至少 1.5m。淋水管本身也应有一定的坡度，坡向梳状排输水管末端，在末端靠管底的封板上钻一个小于 $\phi6mm$ 的孔，或将末端封板制成底部有弓形缺口的封板，排除管道内的积水、污垢和氧化铁。

承水盘的排水口可以开在承水盘折线上最低口位置。承水盘应架空在冷库地坪以上，不可紧贴地面，更不允许嵌入地坪以内，以便能及时观察是否漏水，也便于维修。承水盘的有效盛水深度应不小于 300mm，以便能形成一段水压，克服排水口和弯头阻力。蒸发器下沿至承水盘底板之间的高度不宜过大，只要满足回风口断面要求即可。为减少水滴外溅，把承水盘设计成 V 形折线，将水滴向水盘中央反射。但这样的制作会造成承水盘高度加大，整台冷风机高度以及冻结间内净高的要求也将随之加大。当高度受到限制时，可采用在承水盘里加反射板的做法，把利用斜面和控制承水盘高度的矛盾统一起来。

冷风机融霜排水管管径不小于 100mm，排水坡度不小于 5%，排水管与承水盘的接口必须焊接良好，保证严密不漏水。为防止出现排水管与承水盘接口不正的情况，可以采取冷风机安装就位后再进行承水盘现场开孔焊接，消除误差。排水管道应隔热，隔热层延伸至室外1.5m处。当采用吊顶式冷风机时，出于承水盘比较浅，容易产生排水不畅而溢水，可采取在原承水盘底部加接300mm×300mm×300mm的水斗，将排水管接在水斗底部，借水斗内水的液柱来克服排水口及弯头的局部阻力。或者采取增大水斗的深度，将排水管接在水斗侧面，省去弯头，也可顺利排水。冷风机承水盘的平面尺寸各个方向都应大于冷风机平面尺寸，回风口的净尺寸宜使进风速度不大于0.4m/s，在正面和左右两侧考虑回风，而后侧一般不作为回风口使用。为防止溅水，冷风机后侧与承水盘之间需加挡板，但挡板下沿应留50mm距离，使冷风机外壳融化的冰、霜水，或者自法兰接口不严密处漏出的融霜喷淋水能排入水盘内。

3）冷风机安装后的调试。冷风机安装完毕后应进行试压、试水和试验风机。当冷风机安装结束后应用1.2~1.6MPa的压缩空气试压检漏，试后进行试水。试水时要求淋水盘喷淋均匀，下水畅通，冷风机各层连接处不漏水，承水盘的排水应通畅，不积水。吊顶式冷风机与承水盘连接处不能有溅水现象，绝对不允许有溢水产生。试验风机也是冷风机调试中的重要一项。试验风机前应先检查风叶与机壳有无撞击情况，并向风机轴承注油，做好风机试验前的准备。在风机运转时，要求主体不产生抖动，无异常杂音，电动机的电流及温升正常，润滑部件温度符合要求，出风均匀。待风机调试后，在冷风机出风口预留螺孔上装设导风板，并根据风量分布要求调整好导风板的安装角度。

4. 氨液分离器和低压循环贮液器的安装

（1）氨液分离器的安装 氨液分离器的位置应比冷间最高层冷却排管高1.5~2m，以使氨液分离器内的氨液所产生的静压，能克服管路阻力流入冷却排管。具体安装方法与其他辅助设备基本相同，这里不再重复。

（2）低压循环贮液器的安装 低压循环贮液器的安装主要注意的是它与氨泵之间的高度差，这一差值可根据厂家提供的参考数据进行安装。其次要注意低压贮液器的操作平台，安装平台时一定要考虑操作、维修方便。它的安装方法与冷凝器操作平台的安装方法基本相同。

5. 泵类的安装

（1）离心水泵的安装

1）检查水泵和电动机有无损坏，并核实基础上地脚螺栓预留孔，定出中心线。

2）吊起水泵（绳索严禁拴在水泵轴上），穿上地脚螺栓平放在基础上，螺栓两边垫高20~30mm，用水平仪找平。然后用C18混凝土将螺栓灌实，凝固3~5天。

3）第二次找平水泵时以轴为主，并用1:2水泥砂浆抹平基础面，装上电动机。联轴器之间的间隙调整到1~2mm，并用直尺检查联轴器上、下、左、右四点的位置，以观察和调整水泵轴和电动机轴的同心度，直至手转动灵活即可。水泵和电动机在一个公共底盘上，安装时可整体安装，安装后需对公共底盘进行找平，找平后再用手转动联轴器，转动灵活即可。

4）水泵吸水管的水平管段安装时应坡向水源，在水池中垂直管段的末端需装同样直径的滤水头（止回阀）一个，要保证滤水头不漏水。在吸水管接近水泵处应接自来水管，便于向管道加引水，以保证起动水泵时驱出吸水管内的空气。多台水泵安装时吸水管要分开，以防出水量不够。

（2）氨泵的安装　氨泵的安装基本上与水泵相同，但必须保证低压循环贮液器与氨泵之间的液位差。

6. 阀类的安装

（1）阀门的检查

1）阀门在安装前除制造厂铅封的安全阀外，必须将其他阀门逐个拆卸，清洗油污、铁锈。电磁阀的阀芯组件清洗时不必拆开，电磁阀的垫圈不允许涂抹润滑脂，只要求蘸冷冻油安装。截止阀、止回阀、电磁阀等阀门应检查阀口密封线有无损伤。有填料的阀门需检查填料是否密封良好，必要时需加以更换。

电磁阀、浮球式和电容式液位控制器等安装前需检验是否灵活可靠。安全阀在安装前应检查铅封情况和出厂合格证，若规定压力与设计不符，应按专业技术规定将该阀进行调整，做出调整记录，到有关安全部门请技术人员检查合格后，再进行铅封。

2）阀门试压，即在阀门拆洗重新组装后，先将阀门启闭4~5次，然后关闭阀门，进行试压。试压介质可用压缩空气和煤油。用煤油试压，即把煤油灌入阀体，经2h不渗漏为合格。用这种方法试压时，应在阀芯两头分别试压。用压缩空气试压，利用专用夹具，试验压力为工作压力的1.25倍，试验时不降压为合格。为了检查阀体是否因裂纹、砂眼造成阀体渗漏，也可将试验的阀门放在水中通入压缩空气进行阀体检漏。

（2）阀门的安装

1）应把阀门装在容易拆卸和维护的地方，各种阀门安装时必须注意制冷剂的流向，不可装反。

2）在安装法兰式阀门时，法兰片和阀门的法兰一定要用高压石棉板做垫，高压石棉板厚度要根据阀门上法兰槽的深浅确定。当阀门较大且槽较深时，要用较厚的石棉板，否则，在法兰片与阀门法兰组装时，它们之间的凹凸接口容易有间隙而密封不严，所以石棉板厚度的选择必须慎重。在组装法兰式阀门时，一定要做到所有螺栓受力均匀，否则，凹凸接口容易压偏。

3）安装截止阀，应使工质从阀门底部流向上部。在水平管路上安装时，阀杆应垂直向上或倾斜某一个角度，禁止阀杆朝下。如果阀门位置难以接近或位置较高，为了操作方便可以将阀杆装成水平的。

4）安装止回阀，要保证阀芯能自动开启。对于升降式止回阀，应保证阀芯中心线与水平面互相垂直。对于旋启式止回阀，应保证其阀芯板能旋转，且阀芯板必须装成水平的。

5）安全阀应直接安装在设备出口处的截止阀上，阀体上的箭头应与工质流动方向一致。

6）电磁阀必须水平安装在设备的出口处，一定要按图样规定的位置安装。电磁阀若安装在节流阀前，二者至少需保持300mm的间距。

7）热力膨胀阀也必须水平安装，要注意阀的进出口连接，通常在阀的进口端有滤网。若使热力膨胀阀有良好的控制，感温包的位置很重要。感温包应该牢牢地固定在清洁后的吸气管上，让感温包与吸气管管道有良好接触，不能把感温包固定在吸气管路的集油弯或其他凹槽处，以免润滑油或润滑油与制冷剂的混合物对感温包的工作产生不真实的影响。外平衡式热力膨胀阀的外部平衡管，应安装在回气管感温包绑扎处的下部，与感温包绑扎处的距离为 150～200mm，感温包应绑扎在水平管段上，外部平衡管应从回气管水平管段的顶部接出。热力膨胀阀后的分液器应尽可能靠近膨胀阀。

8）安装浮球阀时，要求浮球室中心线与控制容器的水平面一致。浮球阀的上、下均压管要安装截止阀，浮球阀前要安装液体过滤器。

9）玻璃管液面指示器阀，应检查上下两阀门的平行度和扭摆度。否则，装玻璃管后容易引起玻璃管破裂。

1.3.4　制冷管道的安装

1. 弯管制作

管子的弯曲分热弯和冷弯两种，一般 $\phi57$mm 以下的管子采用冷弯。冷弯工艺中 $\phi(25～57)$mm 的管子，可采用电动或液压传动的弯管机或顶管机弯曲。$\phi25$mm 以下的管子可用手动弯管机弯曲。因为冷弯的管子不会脆，管壁减薄的程度比较轻，加工方便，而且管子的内壁干净，因此凡冷弯的管件尽量采用冷加工。冷弯弯头时，弯曲半径为管子公称直径的 3.5～4 倍为宜。但在弯曲后，管壁减薄的程度不超过计算所需壁厚的 15%。因钢的弹性作用，弯曲时比所需角度多弯 3°～5°，弯曲半径应比要求半径小 3～5mm，以便回弹后达到要求。

热弯包括以下工序：干砂、充砂、划线、加热弯管、检查校正和除砂。热弯曲半径不得小于公称直径的 3.5 倍，弯曲后管壁减薄的程度不得超过计算所需壁厚的 15%。在向管子内充干燥的砂子时，应边充边用锤子敲击管子外表振实，当充进的砂子不再下降时为合格，然后将管端用木塞堵实。充砂后管子可用焦炭火加热，而不应用煤火加热，因为用煤火加热易引起局部过热，而煤中含硫也会损害管子。管子加热温度一般为 950～1000℃，以管子呈现橙黄色为宜，在弯曲中当温度降到 700℃ 时（樱红）应重新加热。

2. 管道除污

无缝钢管在安装前，应逐根进行内、外壁除锈、去污。外壁除锈为涂刷防锈漆做准备，内壁除锈，避免了锈屑、杂质进入制冷压缩机造成机器损坏，同时也保证了管道通路最大断面，减小管内流体阻力。

钢管除锈的方法可用机械方式、喷砂方式或人工方式。机械方式除锈是将需要除锈的管子靠近钢丝刷，用电动机带动钢丝刷来回移动清除锈污。人工除锈方式就是使用人力用钢丝刷刷掉锈污，外壁用平刷，内壁用圆刷，来回刷除锈污、锈屑。

管道除锈后，将管子竖立，使用木锤敲击管壁，倒干净管内铁锈，并用棉布揩抹干净，若有条件，最后用压缩空气吹洗。

3. 管道布置

制冷系统的各设备和部件通过管路连接而成为整体，管道布置是制冷系统安装中的一个重要环节，若管道布置不当，将直接影响系统的安全性和经济性。在进行制冷管道布置时，要注意以下几点：

1）管道布置力求经济合理，考虑共用支架、吊点和节省隔热工程的工作量。对并联设备（特别是蒸发器排管），配管时一定要对称布置，以便供液均匀，管子排列外形要整齐、美观。

2）在同一标高上不应有平面交叉，也不允许在绕过建筑物的梁、板时形成上下弯。

3）穿过建筑围护结构时，应尽量合并穿墙孔洞，有时候即使多费一点管线也应当这样做。因为穿过围护结构的孔洞会破坏围护结构隔热层与防潮隔汽层的连续性和密封性，因而都必须做特殊处理。有许多冷库围护结构绝热防潮失效，管道穿墙处理不当是重要原因之一。因此在设计布置管道时应顾全大局，做全面的技术经济上的衡量。

4）库房内部的管道应吊在梁、板上，不应在内衬墙上设支架。所有吊点应在土建施工时预埋。

5）各种管道在支架、吊架上的排列，应该是供液管在下，回气管在上，热氨管在最上侧或外侧，如图 1-30 所示。氨管道用经过防腐处理的木材做垫块，不应与型钢支吊架直接接触。

6）接管应有防振措施，较长的接管应有架子支承，以免振动损坏或碰伤。较长管子与设备连接时，严格要求垂直和水平，以使制冷剂沿直线方向运动而减少振动。如冷热管道穿墙时，应设管套，否则冷热管道穿过墙将会对墙产生拉力和推力。

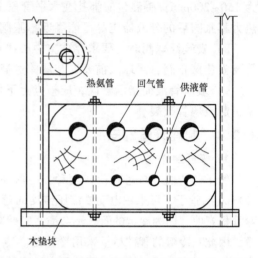

图 1-30　管道的排列

7）各种管道的安装坡度及坡向按表 1-14 采用。

表 1-14　各种管道的安装坡度及坡向

管道名称	倾斜方向	倾斜度参考值（%）
压缩机排气管至油分离器的水平管段	向油分离器	0.3~0.5
与安装在室外冷凝器相接的排气管	向冷凝器	0.3~0.5
压缩机吸气管的水平管段	向氨液分离器或低压循环贮液器	0.1~0.3
冷凝器至贮液器的出液管水平管段	向贮液器	0.1~0.5
液体调节站至蒸发排管的供液管水平管段	向排管	0.1~0.3
蒸发排管至气体调节站的回气管水平管段	向排管	0.1~0.3

4. 管道支承

管道支承由支架和吊架构成，一般采用角铁做支承，用 U 形双头螺柱管卡做固定，用圆钢或角铁做吊接。对管道有隔热层的，为防止冷桥，管与螺栓连接处用一块涂过沥青的木板夹住，木板的大小要与隔热层厚度相适应。

根据管道支承的结构，可将支承分为固定支架、半固定支架和吊架三种基本类型。固定支架通常是用焊接的方法将管道与支架完全固定，在冷库工程中，一般采用固定支架的较少。半固定支架通常是用一根圆钢或一条扁钢带做成管卡，两端有螺母将管道拉紧在支架上，当管道发生伸缩时，如管热胀推力能克服管卡所造成的侧应力，在轴向将产生少量位移，这就避免了管道截面内产生过高的力，因此这种支架称为半固定支架。活动支架是允许管道在支架上做一个或两个方向的滑移。此外由于工程上的需要，也常用吊架代替支架。半固定支架和吊架的基本结构如图 1-31 所示。

管道支承的布置取决于管道的布置形式和管道的受力情况。首先根据管道数量和管道在

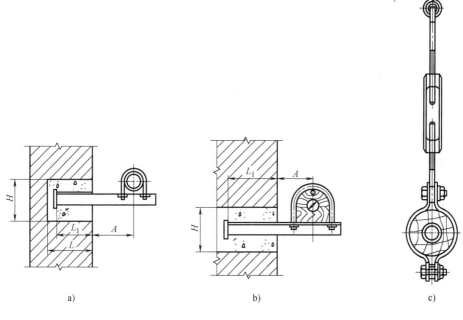

图 1-31　常用的半固定支架和吊架的基本结构

a) 无隔热半固定支架　　b) 有隔热半固定支架　　c) 吊架

梁、柱、墙的布置情况来分析管道和支架的受力情况，选择合适的吊、支架固定方式，进而决定吊、支架间距，布置吊、支架，同时在建筑物内要预埋合适的金属物件，以连接吊、支架。管道支架和吊架最大允许距离主要是由承受的垂直方向的载荷所决定的，表 1-15 所列为管道支、吊架的最大距离，供设计时参考。

表 1-15　管道支、吊架的最大距离

（外径/mm）× （管道壁厚/mm）	气体管道/m （不带隔热层）	氨液管道/m （不带隔热层）	气体管道/m （带隔热层）	氨液管道/m （带隔热层）	热水管道/m （带隔热层）
10×2	—	1.05	—	0.27	—
14×2	—	1.35	—	0.45	—
18×2	—	1.55	—	0.60	—
22×2	1.95	1.85	0.75	0.76	0.76
32×2.5	2.60	2.35	1.02	1.02	1.02
38×2.5	2.85	2.50	1.20	1.16	1.16
45×2.5	3.25	2.80	1.42	1.40	1.40
57×3.5	3.80	3.33	1.92	1.90	1.90
76×3.5	4.60	3.94	2.60	2.42	2.42
89×3.5	5.15	4.32	2.75	2.60	2.60
108×4	5.75	4.75	3.10	3.00	2.95

（续）

（外径/mm）× （管道壁厚/mm）	气体管道/m （不带隔热层）	氨液管道/m （不带隔热层）	气体管道/m （带隔热层）	氨液管道/m （带隔热层）	热水管道/m （带隔热层）
133×4	6.80	5.40	3.89	3.65	3.60
159×4.5	7.65	6.10	4.56	4.3	4.25
219×6	9.40	7.38	5.90	—	5.40
271×6	10.90	8.40	7.35	—	6.55
325×8	12.25	9.40	8.66	—	7.55
377×10	13.40	10.40	10.00	—	8.70

5. 管道连接

（1）管道的法兰盘连接　为了以后制冷管道维修拆装方便，可采用法兰盘连接。把一对法兰盘分别焊在两根需要连接的管口上，再将两片法兰盘用螺栓连接。法兰盘用钢板制作，要求有良好的密封性能，采用凹凸式密封面。法兰盘根据管径大小选用。法兰盘与管子装配时，法兰盘内孔与管子外壁的间隙不应超过 2mm。若管子外径大于法兰盘内孔时，应将法兰盘内孔用车床车大（不得用气焊切割）。管子插入法兰盘内，管端与法兰盘平面不能齐平，至少应留 5mm 的距离。管子与法兰盘的焊接如图 1-32 所示，法兰盘的密封面，应与管子轴线垂直，其倾斜度不大于 0.5%。

两片法兰盘连接时，应用厚度为 1.5~2.5mm（根据法兰盘凹槽深度选用）的石棉纸板做垫圈，其尺寸同法兰盘密封面的尺寸相同。纸板垫圈不得有开口或厚度不均等缺陷。每对法兰盘之间只能用一个垫圈，不得使用两个垫圈。垫圈放在法兰盘上时，表面应涂抹润滑脂。焊在两根管口上的两片法兰盘，加垫圈后螺孔对齐，凹凸相配，即可用螺栓连接。连接时，应使两片法兰盘保持平行，螺母处在同一侧，螺栓应对称地逐步拧紧。

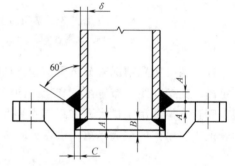

图 1-32　管子与法兰盘的焊接

拧紧后螺栓露出螺母的长度不应大于螺栓直径的一半，但也不应少于两个螺距。

（2）管道与设备的法兰盘连接　凡设备上带有法兰盘者一律采用法兰盘连接，法兰盘要用 Q235 钢制作，加工的法兰盘必须有凹凸口，接触面必须平整无痕。在法兰盘凹凸口内放置 1~3mm 厚的中压石棉板垫圈。垫圈要厚薄均匀不得有缺口，两面必须涂上润滑脂，以保证其密封性。

（3）螺纹连接　φ25mm 以下的管子与设备、阀门连接时，应采用螺纹连接，但需用壁厚较大的管子，以防因车螺纹而降低管子的强度。连接时螺纹部分目前是采用聚四氟乙烯密封带做密封材料，此材料效果较好，缠紧在螺纹上，拧紧螺纹即可起密封作用，但严禁用白漆麻丝代替。要求螺纹靠管子一端应有一定锥度，只有这样才能将螺纹拧紧。

（4）管道焊接

1）制冷系统的管道是要承受一定压力的密闭性系统，氨系统管道之间的连接一般采用气焊。管壁厚度达到 3mm 以上时采用焊条电弧焊。焊条成分应与管材相适应，以保证焊接质量。

2）焊接管子时的注意事项

① 焊条的成分与焊件成分相同，常用的气焊丝为 0.8 钢丝，焊条用 T422 焊条。必要时，可切取焊缝试样进行拉力试验和化学分析。

② 焊条直径应按壁厚选择，见表 1-16 和表 1-17。

表 1-16　焊条直径与壁厚的关系　　　　　　　　　　　　　　（单位：mm）

管子壁厚	3~5	5~10	10 以上
焊条直径	3	4~6	4~7

表 1-17　气焊丝直径与壁厚的关系　　　　　　　　　　　　　（单位：mm）

管子壁厚	3 以下	3	4
气焊丝直径	2~3	3	4

③ 焊接管子之间应有 1mm 左右的间隙，以便钢液渗入，增加焊接强度。

④ 壁厚 4mm 以下的管子对焊一般不开坡口，坡口可用砂轮磨或在机床上加工，如图 1-33 所示。

⑤ 管子焊接时应对准管口，管口偏差不应超过以下数值：管子壁厚小于 6mm，偏差不超过 0.25mm；管子壁厚为 6~8mm，偏差不超过 0.5mm。

⑥ 管道连接的焊缝不得留在支架处、墙孔内或其他不易检漏的地方。

⑦ 管道呈直角焊接时，管道应按制冷剂的流向弯曲，机房吸入总管接出支管时，应从上部或中部接出，避免压缩机停车时吸入总管内凝聚液体，打开压缩机液体突然进入压缩机而引起倒霜。压缩机的排气管接入排气总管时，支管应顺制冷剂流向弯曲，并从总管的侧面接入，以减小排气阻力，如图 1-34 所示。

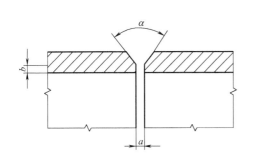

图 1-33　V 形坡口

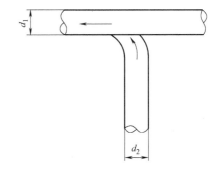

图 1-34　管道直角焊法

⑧ φ38mm 以下的管子呈直角焊接时，可用一段较大管径作为过渡连接焊接，如图 1-35 所示。

⑨ 液体管上接支管时，支管保证有充足的液量，支管应从液体管的底部接出，如洗涤式油分离器的进液管从冷凝器的出液管底部接出，如图 1-36 所示。

⑩ 每一个接头焊接不得超过两次，如超过两次就应锯掉一段管重新焊接。在焊接弯管接头时，接头距弯曲起点不应小于 100mm。

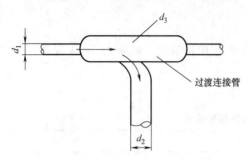

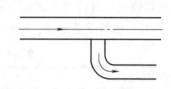

图 1-35　两根小管径管子的直角焊接　　　　图 1-36　液体管接支管的焊接方法

（5）焊接质量检查　各种管道焊接完成后，都要进行质量检查，即焊缝不应产生如下缺陷：

1）未焊透。未焊透的主要原因是坡口开得不正确而引起的钝边太厚、对口间隙太小等，此外也可能是焊接速度太快、焊接电流太小或焊条表面有脏物等。

2）咬肉。这种缺陷减薄了焊件的金属厚度，使应力集中，降低了焊件强度。产生原因是焊接电流太大、电弧太长或焊条摆动不当。

3）气孔。气孔产生原因是焊接速度太快、焊条摆动对不准、焊接表面不干净（有油脂、锈等脏物）或焊接电流太大、焊条潮湿等。

4）夹渣。夹渣产生原因是多层焊接时，焊渣清理得不干净，熔化金属黏度大及焊条摆动不当等。

5）裂纹。裂纹主要是由于热应力集中、冷却太快或焊缝有硫、磷等杂质所致。

要保证管道的焊接质量，必须掌握正确的焊接方法。气焊时，采用中性火焰。气焊操作方法有左焊法和右焊法两种。焊件厚度在 3mm 以下时，常采用左焊法（焊嘴从右向左移动）；焊件厚度在 4mm 以上时，常采用右焊法。在焊接过程中，根据焊件的厚度，焊嘴与焊件应保持一定角度，焊丝还不应脱离熔池，否则易使氧、氮渗入焊缝金属，降低接头力学性能。焊缝一般以两层为宜，每层应一气焊成，以减少接头。如果中途要暂停，应使火焰慢慢离开熔化金属，使气体能从熔池中充分排净，以避免产生裂纹、缩孔和气孔等缺陷。焊接速度要适中，过快会焊不透，过慢会使焊件产生过热现象。焊接完成后，不要用冷水急速冷却，以免焊缝产生裂纹。

焊接一般应在 0℃ 以上进行。如气温低于 0℃，焊接时要注意消除管道上的水滴、冰霜，必要时预先加热管道，以保证焊接质量，使焊接时焊缝慢慢收缩。

1.3.5　吹污与系统压力试验

系统吹污是防堵塞、防压缩机非正常磨损的措施。气密性试验和真空试验是防制冷剂泄漏的措施，也是安装质量的重要检验手段。

1. 吹污

氨系统吹污时，应关闭系统至压缩机吸气管上的阀，再向系统内充入压缩空气。在充气的同时，用木锤轻击管道，待压缩空气压力上升到表压力 0.8MPa 后，停止充入压缩空气，用木锤轻击各容器，然后打开某一个容器底部的排污螺塞。如此反复进行，直至每一个容器都排放完污物，且排出的空气吹在贴有白纸的木板上不带污物方可。在吹污的同时，可用肥皂水在法兰盘、管接头、焊缝等连接部位和各密封部位进行检漏，如发现泄漏，及时进行修补，待修补后再继续进行吹污。

卤代烃系统吹污用干燥空气或干燥氮气进行，其步骤和要求与氨系统一样，但铜管不应敲击。吹污完成后，应向系统中充入干燥氮气，直至进行气密性试验。

吹污时最好是用空压机向系统内充气，其次是选高压气瓶作为气源，确实无法得到上述设备时，才可用已经过空机试运转合格的制冷压缩机向系统内压气。此时，应将压缩机吸气过滤器拆下，另加一个空气滤清器。由于压缩机吸入空气，排气温度较高，要逐次升压，每次升压不超过 0.6MPa，每次停机应不少于 30min，并随时注意压缩机排气温度不得超过120℃。如为多台压缩机，要固定使用一台。待全部吹污与气密性试验工作完成后，此压缩机必须全部拆开清洗。

2. 气密性试验

吹污完成后，用干燥空气或干燥氮气进行气密性试验，试验压力见表 1-18。进行气密性试验时，应一边充气，一边对连接部位和密封部位检漏。找到漏点后，做好标记，待找到一批漏点后集中修补，修补好后再次充气。如此反复进行，直至无明显泄漏点为止。

表 1-18　制冷系统整体气密性试验压力　　　　　　　（单位：MPa）

制冷剂	R717、R22、R404a、R507	R12、R134a、R152a
低压侧	1.2	1.0
高压侧	1.8	1.2

在系统密封的条件下，充气后开始 5~6h，因气体温度下降，压力也会下降，但不应超过 0.04MPa。等压力稳定后，保压 24h，扣除因环境温度变化造成的压力变化因素，压力不应下降。即应有

$$p_2 = p_1(t_2 + 273.15)/(t_1 + 273.15)$$

式中，p_1 是试验开始时的压力（MPa）；p_2 是试验终止时的压力（MPa）；t_1 是试验开始时的温度（℃）；t_2 是试验终止时的温度（℃）。

氨系统在用压缩空气进行气密性试验时，系统内不可有氨。旧的氨系统进行气密性试验时，不可用压缩空气，以免压缩空气与氨、油混合后，遇明火发生爆炸。卤代烃系统进行气密性试验时，可在系统中充入少量制冷剂，以便于用卤素检漏仪检漏。

3. 真空试验

气密性试验合格后，应进行真空试验。其目的是检查在负压条件下系统的密封性，同时也排除系统中的不凝性气体和水分。真空试验时，系统内的剩余压力要求见表 1-19。

表 1-19　真空试验系统剩余压力

系　统　类　型	剩余压力/Pa
氨系统	8000
应用开启式或半封闭压缩机的卤代烃系统	1333
应用全封闭压缩机的卤代烃系统	667

进行真空试验时，最好应用真空泵抽真空，如无真空泵，可用已经过空机试运转合格的制冷压缩机抽真空。用制冷压缩机抽真空时，应打开排气多用管帽，缓慢打开吸气阀，防止排气压力过高。真空试验结束后，应更换润滑油。

在系统压力达到剩余压力要求后，等待 2h，再抽一次。如此反复三次，以清除系统中

残留水分。然后静置18h，排除因温度变化引起的压力变化后，系统压力应不变。

1.3.6 管路及设备隔热

制冷系统低温管道和设备若不进行隔热处理，其外表面就会出现凝结水，当外表面温度低于0℃时还会结霜，造成过多的冷量损耗，甚至会影响制冷系统的安全运行。因此，制冷系统中的低温管道和设备都必须进行隔热处理。

1. 对管道及设备隔热结构的要求

冷库低温管道及设备的隔热结构一般由隔热层和保护层两部分组成。隔热结构的设计直接关系到隔热效果、投资费用、使用寿命及外表面的整齐美观等，设计时应认真选择。一般对隔热结构有以下主要的要求：

1) 保证热损失较小。当已知被隔热管道及内部介质温度时，其热损失主要取决于隔热材料的热导率。热导率越小，隔热层就越薄，反之隔热层就越厚。

2) 隔热结构应有足够的机械强度。因室外管道要受风、雨、水、泥沙等的作用，且室外温度变化较大，管道和隔热材料的膨胀系数不同，伸缩量相差较大，很容易破坏隔热结构。因此，对隔热材料的机械强度要求坚固耐用。

3) 吸水率低，耐水性好。

4) 抗水蒸气渗透性好。

5) 材料不易燃烧，不易霉烂。

6) 决定隔热结构时要考虑管道及设备的振动情况。由于冷库在运行过程中不停地振动，这些振动将传到管道上来，如果隔热结构不牢靠，时间一长就会产生裂纹以致脱落。因此，要求隔热结构必须紧固。

7) 施工方便。

2. 管道及设备隔热层厚度的计算

在蒸发压力下工作的管道和设备，均应包隔热层。中间冷却器、过冷器、过冷氨液管、融霜用的热氨管和排液管、冻结间的融霜给水管、冷却间及冷却物冷藏间内的氨管和水管均应包隔热层。隔热层的厚度与隔热材料的性能、管道的规格、管道和设备内制冷剂的温度，以及周围空气的温度有关。隔热层厚度的确定方法有以下两种：

(1) 公式计算 根据通过隔热管或隔热设备每层单位长度传热量相等的原则，包隔热层后的外径 D_1 可按下式计算，即

$$\frac{t_1-t_1}{t_2-t_3}=1+\frac{1}{2\lambda}\alpha D_1 \ln \frac{D_1}{D_2}$$

式中，t_1 是管道或设备内工质的温度（℃）；t_2 是管道或设备周围空气温度（℃）；t_3 是隔热层外表面温度（℃），应采用稍高于周围空气的露点温度；λ 是绝热材料的热导率 [W/(m·℃)]；D_1 是包隔热层后的外径（m）；D_2 是管道或设备的外径（m）；α 是外表面传热系数 [W/(m²·℃)]。

隔热层的厚度 δ 为

$$\delta=\frac{D_1-D_2}{2}$$

(2) 查表 常用管道隔热层厚度可查表 1-20 取值。

表 1-20　管道隔热层厚度［取外表面传热系数为 8.141 W/(m² · ℃)］

（单位：mm）

管道外径 /mm	$t_2 = 30℃$								$t_2 = 15℃$							
	$t_1 = -10℃$		$t_1 = -15℃$		$t_1 = -33℃$		$t_1 = -40℃$		$t_1 = -10℃$		$t_1 = -15℃$		$t_1 = -33℃$		$t_1 = -40℃$	
	$\lambda/[W/(m · ℃)]$															
	0.047	0.07	0.047	0.07	0.047	0.07	0.047	0.07	0.047	0.07	0.047	0.07	0.047	0.07	0.047	0.07
22	50	70	55	75	75	100	80	105	30	45	35	50	50	65	55	75
32	55	75	60	80	80	105	85	115	35	45	40	50	55	75	60	85
38	60	80	65	85	85	110	90	120	35	45	40	55	60	80	65	85
57	65	85	70	95	90	120	100	135	35	50	45	60	65	85	70	95
76	65	90	75	100	95	130	105	140	40	55	45	65	90	90	75	100
89	70	95	75	105	100	135	110	145	40	55	45	65	70	95	75	105
108	70	100	80	110	105	140	110	155	40	55	50	65	70	100	80	110
133	75	100	80	115	105	145	115	160	45	60	50	70	75	100	85	115
159	75	105	85	120	110	155	120	165	45	60	50	70	75	105	85	120
219	80	110	90	125	120	165	130	180	45	65	55	75	80	110	90	125

3. 隔热结构的施工

（1）施工前的准备工作　管道及设备的隔热工作是在吹污、系统试压、抽真空合格后进行的。管道在隔热施工前，应先清除铁锈污垢，擦拭干净，涂上一层红丹防锈漆，以保护金属表面不受腐蚀。硬质的隔热材料（如软木制品、聚苯乙烯泡沫塑料等），应先加工成所需的形状和尺寸，半硬质的隔热材料（如玻璃棉、矿棉制品等）则加工成管壳。

（2）施工　包隔热层时板材应先浸以热沥青，呈错缝排列，与管道压紧。管壳应对好接缝，并嵌以玛琋脂。第一层包好后再涂以热沥青，依次包第二层及第三层。为了防止空气中水分渗入而破坏隔热层性能，在隔热层外需设防潮层。常用的防潮材料有沥青玛琋脂夹玻璃布、沥青油毡及塑料薄膜等。防潮层外再包一层金属丝网或缠绕玻璃布，而后做一层石棉石膏涂抹料保护层。最后在保护层上涂刷一层防腐蚀及兼作识别的油漆。图 1-37 中示出了用软木做隔热材料时的管道隔热结构的例子。

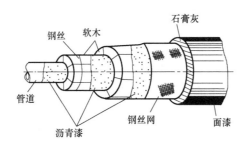

图 1-37　管道的软木隔热层结构

当用硬质聚氨酯泡沫塑料时，也可用现场发泡的方法，将配好的原料喷涂到管道或容器的表面。或者先做好模板，将配好的原料注入其中，待成型固化后再将模板拆除。管道也可以用松散性材料，此时应预先用薄木板或铁皮做成圆形或方形外套，再将材料填入其中即可。当几条平行管道较接近时，可将其隔热结构做在一起。管道上的阀门、法兰接头等一般用铁皮做一个绝热盒，内充松散材料或碎料，以便于检修工作。

4. 制冷管道及设备的涂色

管路安装后，均应涂两遍防锈漆，然后在管外或隔热管外涂面漆，以表示不同管道在系统中的不同作用。制冷管道及设备所涂敷色漆的色标应符合表 1-21 的规定。涂漆后，按管内介质流动方向画出白色箭头。

表 1-21　制冷管道及设备涂敷色漆的色标

制冷管道或设备名称	颜色(色标)
制冷高、低压液体管	淡黄(Y06)
制冷吸气管	天酞蓝(PB09)
制冷高压气体管、安全管、均压管等	大红(R03)
放油管	黄(YR02)
放空气管	乳白(Y11)
油分离器	大红(R03)
冷凝器	银灰(B04)
贮液器	淡黄(Y06)
气液分离器、低压循环贮液器、低压桶、中间冷却器、排液桶等	天酞蓝(PB09)
集油器	黄(YR02)
制冷压缩机及机组、空气冷却器等	按产品出厂涂色涂装
各种阀体	黑色
截止阀手轮	淡黄(Y06)
节流阀手轮	大红(R03)

1.3.7　制冷系统的调试

系统调试是安装工作的最后一道工序，也是制冷系统投入正常使用前的最后检验。

1. 充注制冷剂

在充注前应仔细检查一遍系统各部分，在充注中按正常制冷对各阀门进行调节，且需打开冷却水泵。

为了确定制冷剂的充注量，应根据系统中所用具体设备，先按表 1-22 确定容积充注量，再由设计条件下各设备中制冷剂的密度求出质量充注量。表中未出现的设备，其充注量可忽略不计。

表 1-22　各设备中制冷剂容积占设备容积的百分比

设备名称	百分比(%)	设备名称	百分比(%)	设备名称	百分比(%)
立式冷凝器	7	中间冷却器	30	墙排管	60
卧式冷凝器	15	低压循环贮液器	30	顶排管	50
高压贮液器	30	氨液分离器	30	冷风机	50
洗涤式油分离器	15~20	液体管	100	回热器管内	100

如制冷剂为氨，从回氨调节器以液体充入；如为卤代烃，则从压缩机吸入阀的多用口充入饱和蒸气。

2. 系统试运行

充入制冷剂后，即可按压缩机说明书规定的开机程序，以正常制冷进行试运行。试运行时需检查的项目有以下几项：

1）压缩机油压是否比吸气压力高 0.15～0.3MPa，如不符合要求，则应调整油压调节阀。

2）油温是否为 5～65℃。

3）压缩机排气温度是否低于限定值，即 R12、R134a 等低于 130℃，R22、R717 等低于 150℃。

4）压缩机运行的声音是否正常。

5）试验能量调节装置能否正常动作。

6）整个系统的设备、管路和阀门是否存在泄漏。

7）高压继电器的动作压力。将吸气阀开至最大，极缓慢地关小排气阀，使排气压力缓慢上升，检查高压继电器的动作压力与设计值是否相符。如不相符，则进行调整，然后将排气阀恢复开至最大。

8）低压继电器的动作压力。将吸气阀缓慢关小，使吸气压力缓慢下降，检查低压继电器的动作压力与设计值是否相符。如不相符，则调整至设计值，然后将吸气阀恢复开至最大。

3. 系统调试

系统调试的目的在试运行阶段是为了检验制冷系统是否能够在设计的工况范围内正常工作，在正常运行中是为了将系统调节到最佳的运行参数上。系统主要运行参数和调节方法如下：

1）蒸发温度和蒸发压力。可通过调节压缩机输气量，即调节压缩机台数以及用压缩机能量调节装置调节气缸数来实现。

2）冷凝温度和冷凝压力。可通过调节水泵的台数和水阀的开度、冷凝器风机开停和转速、水冷却塔风机的开停和转速、冷却水或冷却空气的流量，来调节冷凝温度和冷凝压力。

3）压缩机的吸气温度。调节库房系统的供液量或再循环倍率可间接调节压缩机的吸气温度，但需保证吸气过热度。

4）压缩机的排气温度。在单级压缩系统中，压缩机的排气温度只能通过调节蒸发温度、压缩机的吸气温度和冷凝温度进行间接调节；在双级压缩系统中，压缩机的排气温度还可通过调节中间温度和高压级压缩机的吸气温度来调节。

5）库房系统的供液量或再循环倍率。调节膨胀阀的开度可调节直接膨胀式库房系统的供液量，调节液泵的台数和供液分配器阀门的开度可调节液泵强制供液库房系统的再循环倍率。

在系统调试的前 6h，应每 30min 记录一次运行参数；6h 以后，应每小时记录一次运行参数。

1.4　冷库运行管理

冷库是保证新鲜易腐食品长期供应市场、调节食品供应随季节变化而产生的不平衡，改善人民生活所不可缺少的冷链中的重要一环。冷库的运行管理是整个冷库生产经营过程中的一个重要组成部分。冷库担负着提供食品加工、冷冻、冷藏等食品生产所需要的特定的空气环境，如果其运行管理工作做得不好，不仅会造成食品的变质、腐烂、干耗大等质量问题，而且会出现能耗大、设备故障多等问题，从而影响冷库的使用及管理部门的工作效率和经济效益。因此，做好库房的管理工作，对保证冷藏食品的质量和提高企业的经济效益非常重要。

1.4.1 制冷系统安全运行管理

制冷系统承受的压力虽属于中低压范畴，但有些制冷剂（如氨等）具有毒性、窒息、易燃和易爆的特点，给系统的安全操作提出了严格要求。为了确保制冷系统的运行安全，不仅要做到正确设计、正确选材、精心制造和检验，而且必须做到正确使用和操作。

制冷系统必须有完善的安全设备，所有制造材料的质量和机械强度，必须符合国家的有关技术标准。同时，正确地使用和操作，对保证制冷系统的运行安全是至关重要的。特别要求操作人员，对每项工作都要极端地负责任，要严格执行安全技术规程和岗位责任制。

1. 安全装置

（1）压力监视及其安全设备

1）压力监视。制冷系统的运转是否处于安全状态，其主要监视手段是通过压力表显示系统各部位的压力。这样，一方面便于进行正常的操作管理，另一方面是为了能及时地察觉制冷设备内有无异常或超压现象，便于控制或报警。对分散式制冷设备的氨制冷系统，每台氨压缩机的吸排气侧、中间冷却器、油分离器、冷凝器、贮氨器、氨液分离器、低压循环桶、排液桶、低压贮液器、氨泵、集油器、加氨站、热氨管道、油泵、滤油装置以及冰结设备，均需装有相应的压力表。

这里必须强调指出，氨压力表盘上注有明显的"氨"字样。这是因为普通压力表是由铜合金制造的，当接触到氨制冷剂时，很快就被腐蚀。氨压力表是用钢材制造的，对氨有着相应的化学稳定性。所以，氨压力表不允许用普通压力表代替。制冷系统上的压力表，必须经过检验部门检验合格并铅封好，方可使用。

2）压力保护安全设备。为了防止超压运行，在制冷设备上皆设置安全阀、压力控制继电器或压差控制继电器，以及自动报警等压力保护安全设备。一旦工作压力发生异常，出现超压运行时，安全设备即自动动作，把设备内的气体排至大气中，或自动停机，以保证制冷系统不致因超压运行而发生事故。因此，压力保护安全设备不得任意调整或拆除。

① 安全阀。安全阀的作用是保证制冷设备在规定的压力下工作，其结构如图1-38所示，图1-39所示为常用的安全阀。制冷机组和设备上设置安全阀是非常严格的，例如，在氨压缩机的高压侧、冷凝器、贮氨器、排液

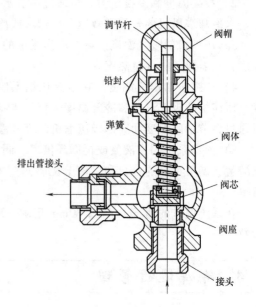

图1-38 安全阀的结构

桶、低压循环桶、低压贮氨器、中间冷却器等设备上均需装有安全阀。

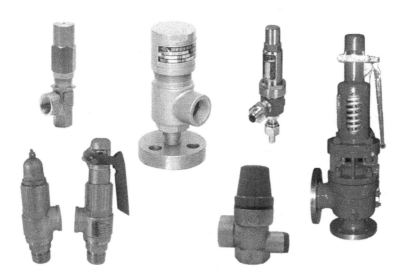

图 1-39 常用的安全阀实物

为了便于检修和更换，要求在安全阀前设置截止阀。但是，这些阀都必须处于开启状态，并加以铅封，以免失去安全保护作用。

制冷设备上的安全阀必须定期检验，每年应校验一次，并加铅封。安全技术规程还规定：在运行过程中，由于超压而安全阀启跳后，需重新进行校验，以确保安全阀的功能。

在校验和维护安全阀时，有时需要清洗和研磨，然后进行气密性试验。试验压力为安全阀工作压力的 1.05~1.1 倍，气密性试验合格的安全阀经过校正调整到指定开启压力，加以铅封。调整及复验时使用的压力表精度不低于 1 级。例如，氨压缩机上的高压安全阀，当其开启压力为吸排气侧之间的压力差达到 $15.7 \times 10^5 Pa$ 时，应自动开启；对于两级压缩，压力差达到 $5.9 \times 10^5 Pa$ 时，应能自动开启，以保护氨压缩机。

在冷凝器、贮氨器等高压设备上的安全阀，当压力达到 $18.1 \times 10^5 Pa$ 时，应能自动开启。

在中间冷却器、低压循环桶、低压贮氨器等设备上的安全阀，当压力达到 $12.3 \times 10^5 Pa$ 时，安全阀应能自动开启。

几种常用制冷剂（R22、R717 等）所用制冷设备的安全阀开启压力见表 1-23。

表 1-23 安全阀的开启压力

项 目	开启压力/bar	
	R22	R717
冷凝器和高压贮液器	18.1	
中间冷却器、低压循环桶、排液桶、低压贮液器	12.3	

注：$1bar = 10^5 Pa$。

R22 两级压缩机的低压机，其安全阀自动开启压力与两级氨压缩机相同，故不赘述。规程规定：氨制冷系统高压侧的最高工作压力不得超过 $14.7 \times 10^5 Pa$。那么，为什么高压设备上安全阀的开启压力 $18.1 \times 10^5 Pa$，比最高工作压力还高出 $3.4 \times 10^5 Pa$ 呢？这主要是由于安全阀一旦在超压时自动开启，往往不容易恢复到完全密封状态，而造成制冷剂的经常泄漏损失。在这种情况下，绝对禁止用拧紧弹簧式安全阀的调整螺栓来消除泄漏（这也是安全阀必须铅封的主要原因之一），所以，规定安全阀的开启压力值高于最高工作压力，不会因压力波动就开启，更不会经常开启。不允许操作人员任意调整和提高安全阀的开启压力。

在设备上设置安全阀，最重要的一点是要求它在达到开启压力时必须具有足够的排气能力。因此，要求出厂的安全阀应经过额定排量试验合格。安全排放系统的气流阻力尽可能要小而且畅通，安全阀通道直径应符合表1-24的要求，以确保迅速排除超压部分的制冷剂。

表1-24 安全阀的通道直径与容器内制冷剂贮液量的关系

容器内制冷剂贮液量 m/kg	<1000	1000<m≤2000	2000<m≤3000	3000<m≤4000	>4000
安全阀通道直径/mm	10	20	30	40	50

目前，在制冷系统的氨泵回路和中间冷却器中，广泛应用的自动旁通阀是弹簧式安全阀的一种特定形式，也起着安全保护作用，即当压力超过调定值时，阀门自动开启，起旁通降压的作用。

② 继电器保护安全设备。制冷系统的压力安全保护，除设有安全阀、带电信号的压力表和紧急停机装置外，还采用压力继电器、压差继电器等安全设备，以实现压缩机的高压、中压、低压保护，油压保护，以及制冷设备的断水保护。

压缩机高压保护的目的是当压缩机排出压力过高时切断电源，以防止发生事故。在生产运行中往往由于冷却水断水故障，或制冷系统中进入大量空气，或高压系统的阀门误操作等原因，使压缩机的排出压力超过规定值，此时，高压保护装置立即动作，压缩机自动停机。高压压力继电器常与安全阀并用，在这种情况下，高压压力继电器切断开关的动作压力，应调整到比安全阀的开启压力稍低为宜。因为在发生异常高压时，压力继电器首先动作可以避免发生事故，同时也不会伴随有安全阀开启后所带来事后处理的麻烦。只有在高压压力继电器发生故障不能动作，或因火灾等异常情况时，安全阀才开启。

当压缩机在运转过程中，由于制冷剂泄漏和供液不足等原因，产生吸气压力过低，甚至出现抽空现象，此时，低压保护装置动作，压缩机作为故障停机，以便操作技工检查停机原因，消除故障。使用低压压力继电器的机组，应与感温控制阀相配合，充分地发挥其作用。

中压保护是指两级压缩中的低压级排出压力的安全保护，其目的同单级压缩的高压保护相仿。当低压级排出压力（中间压力）超过规定值时，压力继电器立即动作切断电源，使压缩机做事故停机。凡单机两级压缩机，都需设置中压保护，而用单级机配套的两级压缩机，其中压保护可以用低压级压缩机的高压压力继电器，但其压力应调整到中压的安全保护调定值。高压和低压继电器的调整压力值，依制冷剂的种类而定。

中压压力继电器的调整值，应根据实际经验确定，一般情况下，其调整压力不大于 $7.84×10^5$Pa。对中、小型氟利昂制冷剂的制冷系统，一般不设置安全阀，仅用高、低压力继电器作为安全保护设备。

压力继电器和压差继电器还可用于断水事故保护。一般采用两种方法：发生断水警报信号，并做事故停机，或者发出断水警报，经过一段延时做事故停机，延时时间约为30s。

润滑油压差保护是在压缩机运行时确保一定的油压。当油压差低于某一定值时，压差继电器动作，压缩机必须停机，以免发生设备事故。油压保护不能使用压力继电器，只能采用压差继电器，因为曲轴箱或油箱与压缩机吸入侧相通。其压差继电器动作的调定值是：旧式活塞式压缩机为 $0.49×10^5$ Pa，带卸载装量的系列活塞式压缩机为 $1.47×10^5$ Pa。压差继电器也是氨泵不上液的安全保护设备。用于氨泵的压差继电器的特点是量程范围小，在（$0.098～1.47$）$×10^5$ Pa 的范围内，动作较为灵敏，同时采用延时措施。

综上所述，随着制冷系统自动控制程度的提高，压力保护安全设备也日益完善。

③熔塞。在贮液器、冷凝器等设备上设置的熔塞也是一种安全设备，可以防止因火灾而发生爆炸事故。熔塞因火灾等外部发生的高温而熔化，它和因操作管理上的失误而产生的高压所设置的安全阀和压力继电器等安全设备有所不同。熔塞是镶在压力容器壁上的易熔合金塞子，其主要成分是铋（Bi）、铅（Pb）和锡（Sn），其熔点为 60～80℃。熔塞的结构及安装如图 1-40 所示，图 1-41 所示为常用熔塞的实物图。

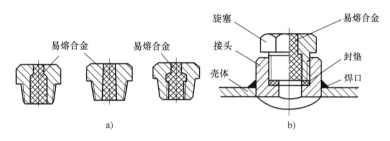

图 1-40　熔塞的结构及安装

a）熔塞结构图　b）熔塞安装示意图

图 1-41　熔塞实物

（2）液位监视及其安全设备　为防止压缩机湿冲程，必须在气液分离器、低压循环桶、中间冷却器上设置液位指示、控制和报警装置，在低压贮液器上设置液位指示和报警装置。排液桶、集油器等均应装设液位指示器。

如使用玻璃液位指示器时，必须采用高于最大工作压力的耐力玻璃管，不得以锅炉用玻璃管代替，并设有自动闭塞装置（例如弹子角阀，如有可能，采用板式玻璃液位指示器更好）。液位计内应清洁，防止堵塞。玻璃管式液位计应设有金属保护管，定期检查液位指示、控制和报警装置，并保证灵敏可靠。

（3）温度监视及其安全设备　压缩机的吸排气侧、轴封器端、分配站、热制冷剂的集管上均设有温度计，以便监视和记录制冷系统的运行工况。为避免排气温度过高，一般还在压缩机排气管上设置温度控制器。在大、中型电动机上也设有温度计。所用的温度计种类主要有热电偶温度计、电阻温度计、半导体温度计和电接点的水银温度计等。采用电接点的水银温度计测温时，应采用电压为36V的电源。

压缩机的吸排气温度、润滑油温度、冷却水的进出口温度、电动机温度以及库房温度等都是检查制冷系统完全运行的重要参数。所以，要求温度显示准确可靠，并能进行有效的控制。测温元件的位置应全部浸入被测介质中，或被介质所包围，不得随意改变测温点的位置，以避免造成温度的异常和滞后。

压缩机吸气和排气侧的温度变化能反映出压缩机运转是否正常及中间冷却器供液的多少，甚至能反映出阀片的损坏情况，所以要求在压缩机排气管上的温度控制器感温元件应尽可能靠近排气腔。如果采用温度套管的形式，应在套管内加入润滑油，以便准确、迅速地反映排气温度的变化。当排气温度超过调定值时，即发出警报并使压缩机做故障停机。

设置在压缩机曲轴箱中的温控器感温元件，当油温超过允许值时，温控器动作，发出警报，并使压缩机做故障停机。对于高速、多缸活塞式压缩机，其润滑油温的保护值可取60℃（最高不超过70℃）。

在氟利昂制冷系统中，由于润滑油中溶解有大量制冷剂，会造成开机时不起油压，使机器断油。为防止这一现象的发生，可以在曲轴箱内装设电加热器，在起动前，电加热器先自动加热，使溶解在油中的制冷剂受热蒸发，然后再自动起动压缩机。

（4）电气参数的监视及其安全设备 机器间应设置电压表，并定时记录电压数值。当电网的电压波动接近规定幅度时（即不应低于340V，不高于420V），应密切注意电流变化和电动机温升，以防止发生电动机烧毁事故。每台压缩机、氨泵、水泵、风机都应单独装设电流表，并有过载保护装置。

冷库需设置库内解救报警装置，一旦有人被困在库内，可在库门附近发生呼救信号，同时向机器间或值班室人员传达报警，以便及时解救。报警线路应采用36V以下电压。冷库的隔热材料（如聚苯乙烯等）属于易燃物质，应注意电缆和电器设备不得直接与这类隔热板建筑物接触，以免因电器事故引起火灾。

（5）其他安全防护设备

1）为避免制冷剂倒流，在压缩机的高压排气管道和氨泵出液管上，应分别装设止回阀。这里值得提醒的是中间冷却器、蒸发器、气液分离器、低压贮液器等设备的节流阀禁止用截止阀代替，以避免因供液不当而使制冷压缩机出现湿压缩。

2）冷凝器与贮液器之间设有均压管，在运行中均压管应是开启状态，两台以上贮液器之间还分别设有气体和液体均压管。这些均压管不得处于切断状态，使其起到保证高压设备之间的压力均衡、液态制冷剂流动畅通以及液位稳定的作用。

3）高压贮液器设在室外时，应有遮阳棚，以防止日光直晒，致使温度升高而影响安全运行。

4）机器的转动部位均需设置安全保护罩，设在室外的设备应设有防止非操作人员入内的围墙或栏杆。

5）在机器间和设备间内设有事故排风设备，以便在事故发生时能及时排除有害气体。在平时运行或检修时，也可减少室内空气的污染。其排风能力要求是每小时将室内空气更换不少于8次。而且在室内和室外都装设事故排风机的按钮开关，备有事故电源供电，在紧急情况下能确保风机工作。

6）机器间和设备间的门应向外开，并应留有两个进出口，以保证安全。机器间外设置事故开关、消火栓，机房配备带靴的防毒衣、橡胶手套、木塞、管夹、氧气呼吸器等防护用具和抢救药品，并把它们放在便于索取的位置，要专人管理，定期检查，确保使用。

7）为避免对邻近环境的污染和影响安全，要求安全阀的泄压管高出机房屋檐 1m 以上或高出冷库四周 50m 以内的最高建筑物 1m 以上，或高出冷凝器操作平台 3m 以上，而且确保泄压管的畅通。

2. 安全操作

制冷系统中的安全装置对避免出现生产运行中的异常危险情况，防止发生爆炸或重大事故起到了良好的保证作用。但是，由于错误的操作，或违反安全技术规程而造成的重大事故还时有发生。因此，必须制定科学而合理的安全操作规程并严格遵守，才能杜绝事故发生。

为了使制冷系统安全运转，有三个必要的条件：①使系统内的制冷剂蒸气不得出现异常高压，以免设备破裂；②不得发生湿压缩、液爆、液击等误操作，以免设备被破坏；③运动部件不得有缺陷或紧固件松动，以免损坏机械。

（1）阀门的安全操作　阀门是控制制冷系统安全运转所必不可少的部件，在制冷系统内应该有一定数量的调节阀、截止阀和备用阀。向容器内充灌制冷剂时，阀门应缓慢打开。过快的加载速度会使设备潜在的原有的微型缺陷，没有足够的时间产生滑移过程，应变速率在缺口根部区域增大，从而降低了材料的断裂韧性，容易引起脆性破坏。所以，应缓慢打开阀门，向容器内加载，有利于保证容器的安全。

制冷系统小、有液态制冷剂的管道和设备，严禁同时将两端阀门关闭。尤其在工作状态下，供液管、排液管、液态制冷剂调节站等管道一般是充满液体的，在停运前都应进行适当抽空。否则，当在满液情况下，关闭设备或管道的进出口截止阀时，因吸收外界热量，液体产生体积膨胀而使设备或管道引起爆裂事故，通常称为"液爆"。一般情况下，液爆时大都在阀门处崩裂，事故的后果是很严重的。由此可见，充满制冷剂的管路两端的阀门至少要有一个处于开启状态。同理，冷风机在用水冲霜时，严禁将分配站上的回气阀和排液阀全部关闭。

在制冷系统操作中，可能发生液爆的部位应特别加以注意，这些部位有：

1）冷凝器与贮液器之间的液体管道。

2）高压贮液器至膨胀阀之间的管道。

3）两端有截止阀门的液体管道。

4）高压设备的液位计。

5）在氨容器之间的液体平衡管。

6）液体分配站。

7）气液分离器出口阀至蒸发器（或排管）间的管路。

8）循环贮液器出口阀至氨泵吸入端的管路。

9）氨泵供液管路。

10）容器至紧急泄氨器之间的液体管路。

开启回气阀时，也应缓慢动作，并注意倾听制冷剂的流动声音，禁止突然猛开，以防过湿气体冲入压缩机内而引起事故。开启阀门时，为防止阀芯被阀体卡住，要求转动手轮不应

食品冷冻冷藏库施工安装与运行管理

过分用力，当开足后应将手轮回转 1/8 圈左右。

为了避免误操作阀门而发生事故，压缩机至冷凝器总管上的各阀门应处于开启状态，加以铅封。各种备用阀、灌液阀、排污阀等平时应关闭，并加铅封或拆除手轮。对连通大气的管接头应加阀盖。所有控制阀手轮上可以挂启闭牌，调节站上的阀门应注明控制某冷间或某设备的标志。最好在所有靠近阀门的管道上标上制冷剂的流向箭头。

（2）设备的安全操作　制冷系统中的运动部件，如传动带、联轴器等应加防护装置，否则禁止运转。为了防止低压、低温管路在融霜时受到压力波动和温度变化的影响，规定进入蒸发器前的压力不得超过 $7.84 \times 10^5 Pa$，并禁止用关小或关闭冷凝器进气阀的方法加快融霜速度。

为防止环境污染和氨中毒，从制冷系统中排放不凝性气体时，需经过专门设置的空气分离器排放入水池中。为防止高温、高压的气体制冷剂窜入库房，使机器负荷突增，规定贮液器液面不得低于其径向高度的 30%。为了防止贮液器、排液器等出现满液影响冷凝压力，使系统运行工况恶化，贮液器的液面不得超过径向高度的 80%。由于制冷设备内的油和氨一般呈有压力的混合状态，为避免酿成严重的跑氨事故，严禁从制冷设备上直接放油。

另外，当设备间的室温达到冰点温度时，对所有用冷却水的设备，在停用时应将剩水放尽，以防冻裂。

（3）设备和管道检修的安全操作　为防止检修时因设备内残存的制冷剂造成操作者中毒和窒息，特别是为避免氨与空气混合到一定比例后遇到明火发生爆炸，以及氟利昂制冷剂遇到明火会分解出剧毒物质，在制冷剂未抽空或未置换完全且未与大气接通的情况下，严禁拆卸机器或设备的附件进行焊接作业。同时，还规定在压缩机房和辅助设备间不能有明火，冬季严禁用明火取暖。

为了防止触电事故，在检修制冷设备时，特别是检修库内风机、电器等远离电源开关的设备，需在其电源开关上挂上工作牌。检修完毕后由检修人员亲自取下，其他人员不允许乱动。

在检查和维修机器间和泵房内的机器设备和阀门时，必须采用 36V 以下电压的照明电源。潮湿地区应采用 12V 以下的照明电源。在检修制冷系统的管道时，若需更换管道或增添新管路，必须采用符合规定的无缝钢管（氟利昂制冷系统可以采用无缝纯铜管），严禁采用有缝管和水暖管件。制冷系统在大检修以后，应进行耐压强度和气密性试验，在设备增加焊接或连接管道后，应进行气密性试验，合格后方允许使用。

（4）充灌制冷剂的安全操作　新建或大修后的制冷系统，必须经过气密性试验、检漏、排污和抽真空等过程。当确认系统无泄漏时，方可充灌制冷剂。如用充氨试漏时，设备内的无氨压力不超过 $1.96 \times 10^5 Pa$。

由于充氨操作危险性大，要求在值班班长的指导下进行。为防备万一，还应备有必要的抢救器材。向制冷系统内充灌制冷剂的数量应严格控制在设计的要求和设备制造厂家所规定的范围内，并认真做好称量数据的记录。

氨瓶或氨槽车与充氨站的连接管必须采用无缝钢管，或用耐压在 $29.4 \times 10^5 Pa$ 以上的橡胶管，与其相接的管头，需有防滑沟槽，以防脱开发生危险。

3. 制冷剂钢瓶的使用与管理

盛装制冷剂的钢瓶，必须严格遵守国家质量监督检验检疫总局颁布的 TSG 21《固定式压力容器安全技术监察规程》和 TSGR 0006《气瓶安全技术监察规程》的规定。

盛装氨的钢瓶是罐装液氨的压力容器,平时又处于高压之下,具有一定潜在的危险,钢瓶的爆炸是常见的事故,往往造成人身伤亡的惨痛后果。发生爆炸事故的主要原因有:

① 超过允许的充装量。

② 使用超过期限的钢瓶。

③ 使用受损有缺陷的钢瓶。

④ 使用了其他易爆或助燃气体的钢瓶而又未清理干净。

⑤ 存放地点的温度过高或暴晒。

据劳动部门统计,在氨瓶爆炸事故中,约 90%是因为超装而引起的。这说明事故的性质是属于责任事故。经验证明,充满液氨的钢瓶放在日光照射的场地上 0.5h 就能爆炸,爆炸率是 100%。

为了保证生产和人身的安全,对制冷剂钢瓶的充装、使用、运输和储存都必须遵守下列安全技术要求。

(1) 充装的安全要求

1) 钢瓶检查。钢瓶在充装前要有专人进行检查,有下列情况之一者,不准充装。

① 漆色、字样与所装气体不同,字样不易识别的气瓶。

② 附件不全、损坏或不符合规定的气瓶。

③ 不能判别装有何种气体,或钢瓶内没有余压的气瓶。

④ 超过检查期限的气瓶。

⑤ 钢印标志不全、不能识别的气瓶。

⑥ 瓶体经外观检查,如发现瓶壁有裂纹或局部腐蚀,其深度超过公称壁厚 10%,以及发现有结疤、凹陷、鼓包、伤痕和重皮等缺陷,不能保证安全使用的气瓶。

钢瓶不得用贮液器或其他容器代替。钢瓶必须每三年交当地劳动管理部门指定的检验单位进行技术检验,检验合格后,打上钢印方可使用。

2) 充装时的安全要求。向钢瓶中充装制冷剂时,必须遵守以下安全要求:

① 制冷剂的充装数量,一般按钢瓶标定值充装。实际充装量为钢瓶容量乘以充装系数,一般氨的充装系数不大于 0.53,R22 的充装系数不大于 1.02,严禁超量充装。

② 称量用的衡器要准确,衡器的检验期限不得超过三个月。

③ 认真填写充装记录,其内容应包括充装日期、氨瓶编号、实际充装量、充装人和复核人姓名等。

(2) 钢瓶使用的安全要求

① 操作人员启闭钢瓶阀门时,应站在阀门的侧面缓慢启闭。

② 钢瓶的瓶阀冻结时,应把钢瓶移到较暖的地方,或者用洁净的温水解冻,严禁用火烘烤。

③ 立瓶应有防止跌倒的措施,禁止敲击和碰撞。

④ 不得靠近热源,与明火的距离不得小于 10m,与暖气片的距离不小于 1m。

⑤ 氨瓶用过后应立即关闭瓶阀,盖好氨瓶防护罩,退还库房。

(3) 运输时的安全要求 为了保证钢瓶的安全运输,应遵守以下安全要求:

1) 轻装轻卸,妥善固定。旋紧瓶帽,轻装轻卸,严禁抛、滑、滚、拖或撞击氨瓶。装车时应横向放置，头朝一方，旋紧瓶帽，妥善加以固定，备齐防振圈，应装置厚度不小于25mm的防振胶圈两道或其他相应的防振装置，并需旋紧安全帽。瓶子下面用三角木块等卡牢。车厢栏板要坚固可靠，瓶子堆高不得超过车厢高度，以确保运输过程中氨瓶不跌落，瓶阀不受损坏。不能用电磁起重机来搬运气瓶，厂内搬运时宜用专用小车。

2）分类装运。严禁与氧气瓶、氢气瓶等易燃易爆物品同车运输。

3）禁止烟火。运输气瓶的车辆上禁止烟火，禁止坐人，并应配备防氨泄漏的用具，如相应的灭火器材和防中毒、防化学灼伤的个人防护用具。

4）防晒防雨、悬挂标志。运输氨瓶的车辆要有遮阳防雨设施，夏季要有遮阳设施，防止暴晒。炎热地区应该遵守当地政府关于夏季装运化学危险物品的有关安全规定。

（4）储存的安全要求

1）专用钢瓶仓库与其他建筑的距离规定为：距厂房不小于25m，距住宅和公共建筑物不小于50m。

2）氨瓶仓库必须是不低于二级耐火等级的单独的单层建筑，地面至屋顶最低点的高度不小于3.2m，屋顶应为轻型结构，地面应平整不滑。

3）仓库应采用非燃烧材料砌成隔墙，仓库的门窗应向外开。

4）仓库周围10m内不得存放易燃物品和进行明火作业。

5）库内有良好的自然通风设备或有机械通风设备，仓库的温度不得高于35℃。

6）仓库不能有明火或其他取暖设备。

7）旋紧瓶帽，放置整齐，妥善固定，留有通道，附件必须完整无缺。

8）氨瓶立放时，应设有专用拉杆或支架，严防碰倒；卧放时，头部朝向一方，其堆放高度不应超过5层。

9）氨瓶严禁与氧气瓶、氢气瓶同室储存，以免引起爆炸，并应在附近设有消防、灭火器材。

10）禁止将有氨液的钢瓶储存在机器设备间内，临时存放钢瓶也要远离热源和防止阳光暴晒。

4. 人身安全及救护

制冷系统的操作人员要做到安全生产，不仅要掌握制冷技术知识和具有熟练的安全操作能力，而且必须掌握有关人身安全和救护的知识。

在冷库生产过程中，电气设备、运动机械、高温高压气体、低温环境以及制冷剂等，都可能危及人身的安全。因此，必须认真贯彻执行有关的安全规定和条例。一般通用电气设备、运动机械、高温、高压等均有完善的安全规定。这里主要介绍制冷剂对人体的影响及其紧急救护措施。

（1）制冷剂对人体生理的影响　制冷剂对人体生理的影响，较为重要的有中毒、窒息和冷灼伤。引起人中毒的制冷剂有氨，引起人窒息的制冷剂有氟类，所有的制冷剂都会引起冷灼伤。

氟利昂类制冷剂本身无毒、无臭、不燃烧、不爆炸。但是，当其和氧气混合时，再与明火接触则发生分解，生成氟化氢、氯化氢和光气，特别是光气对人体十分有害。氟利昂类制冷剂虽无毒，但它在常温下的气态密度比空气大，易沉积在下部，当其在空气中含量（体积分数）超过80%时，会让人窒息。

窒息可分为突然窒息和逐渐窒息两类。突然窒息是指在空气中制冷剂含量很高，操作人员立即失去知觉，好像头部受到打击一样而跌倒，可能在几分钟内死亡。这种窒息发生在设备检修中不按照安全技术规程进行操作的情况下。另一类是逐渐窒息，主要是由于制冷剂泄漏，使空气中的氧含量逐渐降低，而使人慢慢地发生窒息。这种情况通常很容易被人们所忽视，因此对人造成伤害的可能性更大。要避免逐渐窒息对人员的危害，必先了解窒息对人体生理的影响。

当空气中的氧气含量降低到 14%（体积分数，下同）时，出现早期缺氧症状，即呼吸量增大，脉搏加快，注意力和思维能力明显减弱，肌肉的运动失调。当空气中的氧气含量降到 10% 时，仍有知觉，但判断功能出现障碍，很快出现肌肉疲劳，极易引起激动和暴躁。当空气中氧含量降到 6% 时，出现恶心和呕吐，肌肉失去运动能力，发生腿软，不能站立，直至不能行走和爬行。这一明显症状往往是第一个也是唯一的警告，然而为时已晚，严重窒息已经发生。这种程度的窒息即使经过抢救可能苏醒，也会造成永久性的脑损伤。

制冷剂泄漏时，对人体的危害程度取决于制冷剂的化学性质及其在空气中的含量，以及人在此环境中所停留的时间长短。空气中的氨含量对人体的生理影响见表 1-25。

冷灼伤是指裸露着的皮肤接触低温制冷剂造成皮肤和表面肌肉组织的损伤。所以，在有可能直接接触制冷剂的场合，应采取防护措施。

表 1-25　空气中的氨含量对人体的生理影响

对人体生理的影响	空气中的氨含量（体积分数，$\times 10^{-6}$）
可以感觉氨臭的最低浓度	53
长期停留也无害的最大值	100
短时间对人体无害	300 ~ 500
强烈刺激鼻子和喉咙	408
刺激人体眼睛	698
引起强烈的咳嗽	1720
短时间（30min）也有危险	2500 ~ 4500
立即引起致命危险	5000 ~ 10000

（2）预防措施　对于氨制冷系统，应做好以下几点安全预防措施：

1）操作人员应加强安全技术的学习，严格执行操作规程，时刻提高警惕，严防事故的发生。

2）应了解制冷剂对人体生理的影响，学习氨中毒后的急救知识及使用救护药品的知识。

3）制冷系统的机器、设备和管道等要保持密封，漏氨部位应及时修理，以防氨对人身造成危害。

4）防毒面具、橡胶手套、防毒衣具、胶鞋以及救护药品，应妥善放置在机器间进出口的专用箱内，并定期检查是否处于良好的待使用状态。

5）平时应加强预防性训练，如训练对防护用品的使用，熟练掌握防毒衣具的穿法和防毒面具的使用方法。假设一定的事故，让操作人员处理，以训练他们处理事故的能力。

6）机房内应配备二氧化碳或干粉灭火器材，以备扑灭油火、制冷剂火和电火。

对于卤代烃类制冷系统制冷剂泄漏，只要防止明火产生光气，并迅速通风严防使人窒息即可。

（3）活性炭防毒面具 活性炭防毒面具是利用活性炭分子有较强的吸附能力，吸附空气中的氨分子，将过滤后的空气供人呼吸。图 1-42 所示为双罐活性炭防毒面具。

使用时应检查覆面是否损坏，如已损坏，应停止使用。如覆面完好，可将过滤罐的橡胶塞子打开，将覆面从头上戴向下颚，松紧度合适，呼吸不困难时即可使用。

使用后，若氨味较大，说明活性炭分子吸附能力已经饱和，应将过滤罐内的活性炭更换。覆面和软管用酒精冲洗消毒，晾干后撒上滑石粉，保管在阴凉通风的专用箱内，以备再用。

这种防毒面具是在空气中含氨量不太大的情况下使用的，如果有大量氨液溢出，这种防毒面具不能使用，而必须使用氧气呼吸器。

（4）氧气呼吸器的使用和保管 氧气呼吸器是借助肺力而动作的一种呼吸器。由人体的肺部呼出的气体进入清洁罐，二氧化碳被吸收剂清除掉，残余的气体与氧气瓶贮存的氧气混合后组成新鲜空气，经呼吸进入人体的肺部。

1）氧气呼吸器的使用方法（图 1-43）。

① 使用时，将头和左臂穿过悬挂的背带，然后落于右肩上，再用紧身腰带把呼吸器固定在左侧腰际。

② 打开氧气瓶的开关，手按补给钮，排出呼吸器内各部分的污气。

③ 把覆面由头顶套入，戴向下颚，它的大小以既能保持气密，又不太紧为原则。校正眼镜框的位置，使其适合视线。

④ 检查气压表的压力数，以便核对氧气呼吸器的工作时间。

⑤ 必要时可按汽笛进行联系。

图 1-42　双罐活性炭防毒面具

图 1-43　氧气呼吸器的使用方法

2）氧气呼吸器的消毒和保管。

① 消毒。使用前后都必须消毒。消毒的主要部分是气囊、覆面以及呼吸用的软管。消

毒时可用 2%~5%（质量分数）的石炭酸溶液或酒精清洗。

② 保管。避免日光直接照射，以免橡胶老化或高压氧气部分降低安全度。保持清洁，防止灰尘侵入，切忌与各种脂肪油类接触。每年应检查氧气瓶内的存氧情况和吸收剂性能，要及时充氧和更换吸收剂，使氧气呼吸器处于准备使用状态。

（5）紧急救护

1）发生漏氨时的急救措施。如果漏氨事故发生在机房内，应先正确判断情况，开启事故排风机，组织有经验的技工穿戴防护用具进入机房抢救。先关停所有运转设备，寻找出漏氨点。如在高压管道漏氨，应切断漏口两端的阀门和与有关设备相连通的管道。可采用放空的办法，待管内余氨放完，用新鲜空气吹扫管道，然后进行补焊。如在低压系统管道（如库房内冷却设备）漏氨，应迅速查明漏氨部位，关闭该冷间冷却设备的供液阀和回气阀。如果冷间氨气很浓，可开启风机排出氨气，并用醋酸溶液喷雾中和，然后用管卡将漏点夹死，再将货物转移，待货物出空，库温升高后再进行补焊（操作人员可根据制冷系统的不同特点和具体情况，灵活采用安全有效的处理方法）。

2）发生氨中毒的急救措施。氨对人体造成的伤害，大致可分为三类：

① 氨液溅到皮肤上会引起冷灼伤。

② 氨液或氨气对眼睛有刺激性或灼伤性伤害。

③ 氨气被人体吸入，轻则刺激呼吸器官，重则导致昏迷甚至死亡。

发生氨伤害时，应采取如下急救措施：

① 当氨液溅到衣服或皮肤上时，应立即把氨液溅湿的衣服脱去，用常温水或 2%（质量分数）硼酸水（注意水温不得超过 36℃）冲洗皮肤。当解冻后，再涂上消毒凡士林、植物油脂、万花油等。

② 当呼吸道受氨气刺激引起严重咳嗽时，可用湿毛巾或用水弄湿衣服，捂住鼻子和口。由于氨易溶于水，因此，可显著减轻氨的刺激作用。也可用食醋把毛巾弄湿，再捂口、鼻。由于醋蒸气与氨发生中和作用，使氨变成中性盐，所以，也可减轻氨对呼吸道的刺激和中毒程度。

③ 当呼吸道受到较强烈的氨刺激，而且中毒比较严重时，可用硼酸水滴鼻漱口，并给中毒者饮入 0.5%（质量分数）的柠檬酸水或柠檬汁。但切勿饮白开水，因氨易溶于水助长氨的扩散。

④ 当氨中毒十分严重，致使呼吸微弱，甚至休克、呼吸停止时，应立即进行人工呼吸抢救，并给中毒者饮用较浓的食醋，有条件时施以纯氧呼吸。遇到这种严重情况，应立即请医生抢救或将中毒者送医院抢救。

无论中毒或窒息程度轻重，均应将患者转移到新鲜空气处进行救护，不使其继续吸入含氨的空气。对于受氨损伤的皮肤，只能用水或酸性的食醋和柠檬冲洗，绝对不要用毛巾等擦洗受伤部位，以免擦破表皮引起继发感染。对腹部以下器官，当黏附氨而产生强烈刺痛感时，应立即跳进水池缓解。

卤代烃类制冷剂产生大量泄漏时，只要远离明火，并迅速通风，即可不对人产生伤害。

1.4.2　库房操作管理

1. 正确使用冷库和保证安全生产

冷库是用隔热材料建筑的低温密闭库房，结构复杂，造价高，具有怕潮、怕水、怕热气、怕跑冷等特性。最忌隔热体内有冰、霜和水，一旦损坏，就必须停产修理，严重影响生产。为此，在使用库房时，要注意以下问题：

（1）防止水、汽渗入隔热层　库内的墙、地坪、顶棚和门框上应无冰、霜、水，要做到随有随清除。没有下水道的库房和走廊，不能进行多水性作业，不要用水冲洗地坪和墙壁。库内排管和冷风机要定期冲霜、扫霜，及时清除地坪和排管上的冰、霜和水。经常检查库外顶棚、墙壁有无漏水、渗水处，一旦发现，需及时修复。不能把大批量尚未冻结的商品直接放入低温库房，防止库内温升过高，造成隔热层产生冻融而损坏库体。

（2）防止因冻融循环把冷库建筑结构冻酥　库房应根据设计规定的用途使用，高、低温库房，不能随意变更（装配式冷库除外）。各种用途的库房，在没有商品存放时，要保持一定的温度，冻结间和低温间应在-5℃以下，高温间在露点温度以下，以免库内受潮滴水影响建筑（装配式冷库除外）。原设计有冷却工序的冻结间，如改为直接冻结时，要设有足够的制冷设备，还要控制进货的数量和掌握合理库温，不使库房内有滴水。

（3）防止地坪（楼板）冻臌和损坏　冷库的地坪（楼板）在设计上都有规定，要求既能承受一定的载荷，还要铺有防潮层和隔热层。如果地坪表面保护层被破坏，水分流入隔热层，会使隔热层失效。如商品堆放超载，会使楼板裂缝。因此，不能将商品直接散铺在库房地坪上冻结。拆货垛时不能采用倒垛方法。脱钩和脱盘时，不能在地坪上摔击，以免砸坏地坪或破坏隔热层。另外，库内商品堆垛重量和运输工具的装载量，不能超过地坪的单位面积设计载荷。每个库房都要核定单位面积最大载荷和库房总装载量（地坪如大修改建，应按新设计载荷），并在库门上做出标志，以便管理人员监督检查。库内吊轨每米长度的载质量，应符合设计要求，不许超载，以保证安全。特别要注意底层的地坪没有进行通风等处理的库房，要严格执行有关地下通风的设计说明，并定期检查地下通风道内有无结霜、堵塞和积水，检查回风温度是否符合要求。应尽量避免由于操作不当而造成的地坪冻臌。地下通风道周围严禁堆放物品，更不能搞新的建筑。

（4）库房内货位的间距要求　为了使商品堆垛安全牢固，便于盘点、检查、进出库，对商品货位的堆垛与墙、顶、排管和通道的距离都有一定要求，详见表1-26。库内要留有合理宽度的走道，以便运输、操作，并利于安全。库内操作要防止运输工具和商品碰撞冷藏门、电梯门、柱子、墙壁、排管和制冷系统管道等。

表 1-26　货位之间的距离

建筑物名称	货物应保持的距离/mm	建筑物名称	货物应保持的距离/mm
低温库顶棚	≥200	风道底面	≥200
高温库顶棚	≥300	冷风机周围	≥1500
顶排管	≥300	手推车通道	≥1000
墙	≥200	铲车通道	≥1200
墙排管	≥400		

（5）冷库门要经常进行检查　如发现变形、密封条损坏、电热器损坏，要及时修复。当冷库门被冻死拉不开时，应先接通电热器，然后开门。

（6）冷库门口是冷热气流交换最剧烈的地方　地坪上容易结冰、积水，应及时清除。

（7）库内排管除霜时，严禁用钢件击打排管　所使用的工具不能损伤排管表面。

2. 加强管理工作和确保商品质量

提高和改进冷加工工艺，保证合理的冷藏温度，是确保商品质量的重要一环。食品在冷藏间如保管不善，易发生腐烂、干耗（干枯）、脂肪氧化、脱色、变色、变味等现象。为此，要求有合理的冷加工工艺和合理的贮藏温度、湿度、风速等。各种商品的冷藏推荐条件见表1-27。

表1-27 各种商品的冷藏推荐条件

类别及品名	温度/℃	相对湿度（%）	预计冷藏期限	备 注
1. 冷冻肉、禽、蛋类				
（1）冻猪肉	-12	95~100	3~5个月	肥度大的猪肉冷藏期限应缩短
	-18	95~100	8~10个月	
	-20	95~100	10~12个月	
（2）冻猪分割肉（包装）	-18	95~100	10~12个月	
（3）冻牛肉	-12	95~100	6~10个月	肥度大的牛肉冷藏期限应缩短
	-18	95~100	10~12个月	
	-20	95~100	12~14个月	
（4）冻羊肉	-12	95~100	3~6个月	
	-18	95~100	8~10个月	
	-20	95~100	10~12个月	
（5）冻肉馅（包装，未加盐）	-18	95~100	6~8个月	
（6）冻副产品（包装）	-18	95~100	5~8个月	
（7）冻猪油（不包装）	-18	95~100	4~5个月	
（包装）	-18	95~100	9~12个月	
（8）冻家禽（不包冰衣）	-12	95~100	3~4个月	
（包冰衣）	-18	95~100	6~10个月	
（9）冻家兔	-18	95~100	5~8个月	
2. 冷冻水产品				
（1）肥鱼：鳗鱼、沙丁鱼等	-25~-18	95~100	6~10个月	
（2）中等肥鱼：鳕鱼等	-25~-18	95~100	8~12个月	
（3）瘦鱼：比目鱼、黄花鱼等	-25~-18	95~100	10~14个月	
（4）虾类	-25~-18	95~100	6~10个月	
（5）蛏、贝、蛤	-25~-18	95~100	6~10个月	
3. 冷冻水果、蔬菜类				
（1）杏（加糖）	-18	95~100	12个月	
（2）酸浆果（加糖）	-18	95~100	12个月	
（3）甜浆果（加糖）	-18	95~100	8~10个月	
（4）桃（加糖）	-18	95~100	8~10个月	
（5）桃（加糖和维生素C）	-18	95~100	12个月	
（6）覆盆子（加糖）	-18	95~100	18个月	
（7）杨梅（加糖）	-18	95~100	12个月	
（8）其他冻果	-18	95~100	12个月	
（9）冷冻蔬菜（青豌豆、青扁豆、花椰豆、文竹、胡萝卜、菠菜等）	-18	95~100	12个月	
（10）蘑菇	-18	95~100	8~10个月	
（11）黄瓜片	-18	95~100	5个月	

（续）

类别及品名	温度/℃	相对湿度（%）	预计冷藏期限	备　注
4. 冷冻熟制品和其他类				
（1）灌肠	−18	95～100	4～8 个月	
（2）熏肉	−18	95～100	5～7 个月	
（3）油煎鸡（包装）	−18	95～100	3～4 个月	
（4）猪肉饼	−18	95～100	6～8 个月	
（5）牛肉饼	−18	95～100	8～10 个月	
（6）羊肉饼	−18	95～100	12 个月	
（7）冰激凌	−23～−18	85	2～6 个月	
5. 冷却肉、禽、蛋类				
（1）猪肉	−1.5～0	85～90	1～2 个星期	
	−1～0	80～90	4～6 天	
	−1～0	95～100	3～5 天	
（2）牛肉	−1.5～0	90	2～3 个星期	
（3）羊肉	−1～0	85～90	1～2 个星期	
（4）腊肉	−3～−1	80～90	1 个月	
（5）副产品	−1～0	75～80	2～3 天	
（6）家禽	0·1	85～90	1 个星期	
（7）家兔	0～1	85～90	3～5 天	
（8）鲜蛋	0	85～90	4～6 个月	
	−0.5～−0.25	85～90	6～8 个月	
6. 冷却水果、蔬菜等类				有些品种也可在 2～4℃ 下冷藏
（1）苹果	−1～1	85～90	3～8 个月	
（2）杏	−1～0	90	2～4 个星期	
（3）香蕉（青的）	11.5～14.5	90	10～20 天	
（熟的）	14～16	90	5～10 天	
（4）覆盆子	−1～0	85～90	2～3 个星期	
（5）椰子	0	80～85	1～2 个月	
（6）葡萄	−1～0	80～90	1～2 个月	
（7）荔枝	0	90	5～6 个星期	
（8）芒果	10	90	2～5 个星期	
（9）甜瓜	4～10	85～90	1 个星期	
（10）核桃	7	70	12 个月	
（11）西瓜	2～4	75～85	2～3 个星期	
（12）木瓜	10	90	2～3 个星期	
（13）桃子	−1～1	85～90	1～4 个星期	
（14）菠萝（青的）	10	90	2～4 个星期	
（熟的）	7	90	2～4 个星期	
（15）樱桃	0	85～90	1～5 天	
（16）柑	4～7	85～90	3～6 个月	
（17）橙	4～6	85	6 个月	
（18）梨	0.5～1.5	85～90	6～8 个月	
（19）土豆	3～6	85～90	6～8 个月	
（20）韭菜	0	90～95	1～3 个月	
（21）莴笋	0	90～95	1～3 个星期	
（22）洋葱	−3～0	70～75	6 个月	
（23）青豌豆	0	80～90	7～21 天	
（24）菠菜	0～1	90	10～14 天	
（25）西红柿（生）	11.5～13	85～90	3～5 个星期	
（熟）	±0	85～90	1～3 个星期	

（续）

类别及品名	温度/℃	相对湿度（%）	预计冷藏期限	备　注
（26）土豆（晚期）	4.5~10	85~90	4~8个月	
（27）种子	2~7	85~90	5~8个月	
（28）茄子	7~10	85~90	10天	
（29）大蒜	−1.5~0	70~75	6~8个月	
（30）芹菜	±0	90~95	1~2个月	
（31）黄瓜	11.5	85~90	1~2个星期	
（32）卷心菜	±0	85~90	2~3个星期	
（33）蘑菇	±0	85~90	5天	

在正常生产情况下，冻结物冷库的温度应控制在设计温度±1℃的范围内。冷却物冷库的温度应控制在设计温度±0.5℃的范围内。货物在出库过程中，冻结物冷库的温升不超过4℃，冷却物冷库的温升不超过3℃。进入冻结物冷库的冻结货物温度应不高于冷库温升3℃。例如，冷库温度为−18℃，则货物温度应在−15℃以下。

商品在贮藏时，要按品种、等级和用途情况，分批分垛位贮藏，并按垛位编号，填制卡片悬挂于货位的明显地方。要有商品保管账目，正确记载库存货物的品种、数量、等级、质量、包装，以及进出的动态变化，还要定期核对账目，出库一批清理一批，做到账货相符。要正确掌握商品贮藏安全期限，执行先进先出的制度。定期或不定期地进行商品质量检查，如发现商品有霉烂、变质等现象时，应立即处理。

有些商品（如家禽、鱼类、副产品等）在冷藏时，要求表面包冰衣。如长期冷藏的商品，可在垛位表面喷水进行养护，但要防止水滴在地坪、墙和冷却设备上。冻肉在码垛后，可用防水布或席子覆盖，在走廊边或靠近冷藏门处的商品尤应覆盖好，要求喷水结成3mm厚的冰衣。在热流大的时候，冰衣易融化，要注意保持一定的厚度。

1.4.3 库房卫生管理

食品进行冷加工，并不能改善和提高食品的质量，仅是通过低温处理，抑制微生物的活动，达到较长时间贮藏的目的。因此，在冷库使用中，冷库的卫生管理是一项重要工作。要严格执行国家颁发的《食品卫生法》，尽可能减少微生物污染食品的机会，以保证食品质量，延长贮藏期限。

1. 食品入库前的卫生要求

食品入库冷加工之前，必须进行严格的质量检查，下列商品严禁入库：

① 变质腐败、有异味、不符合卫生要求的商品。

② 患有传染病畜禽的肉类商品。

③ 被雨淋或用水浸泡过的鲜蛋。

④ 用盐腌或盐水浸泡，没有严密包装的商品，流汁、流水的商品。

⑤ 易燃、易爆、有毒、有化学腐蚀作用的商品。

⑥ 未经检疫检验的畜禽肉及肉制品。

⑦ 商品被污染或夹带有污物。

下列商品要经过挑选、整理或改换包装，否则不准入库：

① 商品质量不一、好次混淆者。

② 肉制品和不能堆垛的零散商品，应加包装或冻结成形后方可入库。

③ 鲜蛋入库前必须除草，剔除破损、裂纹、脏污等残次蛋，并经过灯照验后，方可入库储藏，以保证产品质量。

2. 冷库的卫生与消毒

（1）冷库周围环境卫生　食品进出冷库时，都需要与外界接触，如果外界环境卫生不良，就会增加微生物污染食品的机会，因而冷库周围的环境卫生是十分重要的。冷库四周不应有污水和垃圾，冷库周围的场地和走道应经常清扫，定期消毒。垃圾箱和厕所应离库房有一定距离，并保持清洁。运输货物用的车辆在装货前应进行清洗、消毒。

（2）库房和工具设备的卫生与消毒　冷库的库房是进行食品冷加工和长期存放食品的地方，库房的卫生管理工作，是整个冷库卫生管理的中心环节。

1）在库房内，霉菌较细菌繁殖得更快些，并极易侵害食品。因此，库房应进行不定期的消毒工作。

2）运货用的手推车以及其他载货设备也是微生物污染食品的媒介，应经常进行清洗和消毒。

3）库内冷藏的食品，不论是否有包装，都要堆放在垫木上。垫木应刨光，并经常保持清洁。垫木、小车以及其他设备，要定期在库外冲洗、消毒。可先用热水冲洗，并用 2%（质量分数，下同）的碱水（50℃）除油污，然后用含有效氯 0.3%～0.4% 的漂白粉溶液消毒。加工用的一切设备，如铁盘、挂钩、工作台等，在使用前后都应用清水冲洗干净，必要时还应用热碱水消毒。

4）冷库内的走道和楼梯要经常清扫，特别在出入库时，对地坪上的碎肉等残留物要及时清扫，以免污染环境。

（3）抗霉方法　霉菌是生活能力很强的一种微生物，易在库房湿度大的墙壁上大量繁殖，一旦发育成熟，无数的霉菌孢子便会四处飞扬而落入食品中，发出各种难闻的霉味和腥臭味，造成食品变质。为了保证食品安全卫生，必须对库房进行定期的除霉工作。冷库常采用抗霉剂与粉刷材料混合配成防霉涂料粉刷墙壁，抑制霉菌、孢子在库内墙壁上繁殖。常用的防霉涂料及用法有以下几种。

1）氟化钠法。在白陶土中加入 1.5%（质量分数，下同）的氟化钠（或氟化铁）或 2.5% 的氟化氨，配成水溶液粉刷墙壁。白陶土中钙盐的含量不应超过 0.7% 或最好不含钙盐。

2）羟基联苯酚钠法。当发霉较严重时，在正温（0℃以上）的库房内，可用 2% 的羟基联苯酚钠溶液粉刷墙壁，或用同等含量的药剂溶液配成刷白混合剂进行粉刷。消毒后，地坪要洗刷并干燥通风后，库房才能降温使用。用这种方法消毒，不应与漂白粉交替或混合使用，以免降低羟基联苯酚钠溶液的消毒作用，还会使墙面呈现褐红色。

3）硫酸铜法。将 2kg 硫酸铜和 1kg 明矾混合在木桶中，添加 30kg 热水进行溶解，粉刷时再逐渐添加 21kg 熟石灰，搅拌均匀成细腻稀粥状即可。每平方米需使用涂料 0.5～0.6kg；粉刷时应清理库房，粉刷后地坪要洗刷干净，干燥 12h 以后，食品才可入库，避免涂料污染食品。

4）过氧酚钠。用 2% 过氧酚钠盐水与石灰水混合粉刷。

冷库内除霉的效果，根据霉菌孢子的多少来评定。因此，在除霉前后均要做测定和记录。除霉后，每平方厘米表面上不得多于 1 个霉菌孢子。

（4）消毒方法　冷库消毒常用的有以下几种方法：

1）漂白粉消毒。漂白粉杀菌主要是其中的有效氯对菌体起强烈的氧化作用。漂白粉是一种干燥、易结块的白色粉末，水溶液呈碱性。杀菌力强，应用范围广，价廉。

漂白粉可配制成含有效氯 0.3%～0.4% 的水溶液（1L 水中加入含 16%～20% 有效氯的漂白粉 20g），在库内喷洒消毒，或与石灰混合，粉刷墙面。配制时，先将漂白粉与少量水混合制成浓浆，然后加水至必要的含量。

在低温库房进行消毒时，为了加强效果，可用热水配制溶液（30～40℃），用漂白粉与碳酸钠混合液进行消毒，效果较好。配制方法是，在 30L 热水中溶解 3.5kg 碳酸钠，在 70L 水中溶解 2.5kg 含 25% 有效氯的漂白粉。将漂白粉溶液澄清后，再倒入碳酸钠溶液。使用时，加两倍水稀释。用石灰粉刷时，应加入未经稀释的消毒剂。

消毒时应将库房中的货物移出，打扫干净再消毒。消毒后应进行通风干燥，除去库中的氯气味，一般需经 1～2 天后，方可降温进货。

2）福尔马林消毒。福尔马林中含甲醛 40%，有强烈臭味。甲醛性质不稳定，遇空气呈混浊白色沉淀物而失去消毒作用。温湿度越高，杀菌力越强。

在高温（20℃以上）库房，用 7.5%～12.5% 的福尔马林溶液，空间喷射消毒（0.05～0.06kg/m³）。在低温库房内喷射，效果较差。可采用每立方米空间 15～25g 福尔马林，加入沸水稀释，与 10%～20% 的高锰酸钾（或 60g 漂白粉加 40mL 水和 80mL 福尔马林）同置于铝锅中，任其自然发热和蒸发，闭门 1～2 天后，经过通风，消毒工作完成。因为福尔马林气味很大，肉吸收后不能食用。为了吸收库房空气中剩余的福尔马林，可在通风时用脸盆等容器盛氨水放在库内。福尔马林对人有很大的刺激作用，使用时要注意安全。

3）次氯酸钠消毒。可用 2%～4% 的次氯酸钠溶液，加入 2% 的碳酸钠，在低温库内喷洒，然后将门关闭。库房内消毒常选用酸类消毒剂。酸类消毒剂的杀菌作用，主要是凝固菌体中的蛋白。

4）乳酸消毒。乳酸为棕褐色黏稠的液体，无臭，呈弱酸性，易溶于水，对细菌、真菌、病毒等有较强的杀菌和抑制作用，适用于房间、仓库、冷库的除霉杀菌与消毒，还能用于食品的防腐保鲜。乳酸杀菌作用，主要是利用其酸性凝固菌体中的蛋白。乳酸杀菌率可达 96%，除霉效率达 90%～92%。一般每立方米库房空间需用 1mL 乳酸。如果霉味重，乳酸用量可适当增加。比例是一份乳酸加一份清水。放在瓷盘内，置于酒精灯上加热熏蒸。一般 100m² 库房需熏蒸 3h 左右即可起到除臭和消毒的作用。在熏蒸过程中，人应离开库房，以免刺激呼吸道黏膜。消毒结束后，应进行通风处理，再储存食物。

5）紫外线消毒。紫外线消毒是常用的空气消毒法，也可以对模子、工作服等消毒，不仅操作简单，节约费用，而且效果良好。每立方米空间设置一个功率为 1W 的紫外线光灯，每天平均照射 3h 即可对空气起到消毒作用。

6）臭氧消毒。臭氧消毒是近几年较新的消毒方法。臭氧具有强烈的氧化作用，能杀菌消毒，抑制微生物的生长。臭氧功效的大小取决于臭氧的质量浓度。质量浓度越大，氧化反应速度越快。通常使用时，依据食品的性质决定其质量浓度。一般用于鱼类产品、干酪食品，其质量浓度为 1～2mg/m³，肉类食品为 2mg/m³，蛋与蛋品为 3mg/m³，水果与蔬菜为 6mg/m³。臭氧不仅适用于空库消毒，也适用于堆有货物的情况下消毒，但不宜用于库内存放含脂肪较多的食品消毒，以免脂肪氧化而产生酸败现象。

高质量浓度臭氧（$\geqslant 2mg/m^3$）对人的咽喉和鼻腔会产生刺激或头痛。使用臭氧消毒时人员应离开现场，或戴防毒面具。消毒工作完毕，一般经 $2 \sim 3h$ 通风处理后，人员方可入库。

（5）冷库工作人员的个人卫生　冷库工作人员经常接触多种食品，如不注意卫生，本身患有传染病，就会成为微生物和病原菌的传播者。对冷库工作人员的个人卫生应有严格的要求。

冷库作业人员要勤理发，勤洗澡，勤洗工作服，工作前后要洗手，经常保持个人卫生。同时必须定期检查身体，如发现患传染病者，应立即进行治疗并调换工作，未痊愈时，不能进入库房与食品接触。

库房工作人员不应将工作服穿到食堂、厕所和其他冷库以外的场所。

3. 食品冷加工过程中的卫生管理

（1）食品冷加工的卫生要求　食品入库冷加工之前，必须进行严格的质量检查，不卫生的和有腐败变质迹象的食品（如次鲜肉和变质肉）均不能进行冷加工和入库。

食品冷藏时，应按食品的不同种类和不同的冷加工最终温度分别存放。如果冷藏间大而某种食品数量少，单独存放不经济时，也可考虑不同种类的食品混合存放，但应以不互相串味为原则。具有强烈气味的食品（如鱼、葱、蒜、乳酪等）和贮藏温度不一致的食品，严禁混存在一个冷藏间内。供应少数民族的商品和有强挥发气味的商品应设专库保管，不得混放。

对冷藏中的食品，要严格掌握储存保质期限（可参考表1-27），应经常进行质量检查，如发现有软化、霉烂、腐败变质、异味、感染等情况时，应及时采取措施加以处理，以免感染其他食品，造成更大的损失。

正温库的食品全部取出后，库房应通风换气，利用风机排除库内的混浊空气，换入过滤的新鲜空气。

几种鲜肉的感官指标见表1-28。

表 1-28　几种鲜肉的感官指标

项目	鲜 猪 肉	鲜牛、羊、兔肉	鲜 鸡 肉
色泽	肌肉有光泽,红色均匀,脂肪洁白	肌肉有光泽,红色均匀,脂肪洁白或淡黄色	肌肉有光泽,肌肉切面发光
黏度	外表微干或微湿润,不粘手	外表微干或有风干膜,不粘手	外表微干或微湿润,不粘手
弹性	指压后的凹陷立即恢复	指压后的凹陷立即恢复	指压后的凹陷立即恢复
气味	具有鲜猪肉正常气味	具有鲜牛、羊、兔肉正常气味	具有鲜鸡肉正常气味
肉汤	透明清澈,脂肪团聚于表面,具有香味	透明清澈,脂肪团聚于表面,具有香味	透明清澈,脂肪团聚于表面,具有香味

（2）除异味　库房中发生异味一般是贮藏了具有强烈气味或腐烂变质的食品所致。这种异味能影响其他食品的风味，降低质量。

臭氧具有清除异味的功能。臭氧是三个原子的氧，用臭氧发生器在高电压下产生 O_3，其性质极不稳定，在常态下即还原为 O_2，并放出初生态氧（O）。初生态氧性质极活泼，具有强氧化剂的作用，因而利用臭氧可以清除异味。利用臭氧清除异味，不仅适用于空库，对于装满食品的库房也很适宜。由于臭氧是一种强氧化剂，长时间呼吸纯度很高的臭氧对人体有害。因此，处理臭氧时，操作人员最好不要留在库内，待处理后两小时再进入。

此外，用甲醛水溶液（即福尔马林溶液）或 5%～10% 的醋酸与 5%～20% 的漂白粉水溶液，也具有良好的消除异味和消毒作用。这种方法目前在生产中广泛采用。

（3）灭鼠 鼠类对食品贮藏的危害性极大，它在冷库内不但糟蹋食品，而且散布传染性病菌，同时能破坏冷库的隔热结构，损坏建筑物。因此，消灭鼠类对保护冷库建筑结构和保证食品质量有着重要意义。

鼠类进入库房的途径很多，可以由附近地区潜入，也可以随有包装的食品一起进入冷库。冷库的灭鼠工作应着重放在预防鼠类进入。例如在食品入库前，对有外包装的食品应进行严格检查，凡不需带包装入库的食品尽量去掉包装。建筑冷库时，要考虑在墙壁下部放置细密的铁丝网，以免鼠类穿通墙壁潜入库内。发现鼠洞要及时堵塞。

消火鼠类的方法很多，可用机械捕捉、毒性饵料诱捕和气体灭鼠等方法。用二氧化碳气体灭鼠效果较好，这种气体对食品无毒，用其灭鼠时，不需将库内食品搬出。在库房降温的情况下，将气体通入库内，将门紧闭即可灭鼠。二氧化碳灭鼠的效果取决于气体的纯度（体积分数）和用量。如在 $1m^3$ 的空间内，用纯度为 25% 的二氧化碳 0.7kg，或用纯度为 35% 的二氧化碳 0.5kg，一昼夜即可彻底消灭鼠类。二氧化碳对人有窒息作用，可造成死亡，操作人员需戴氧气呼吸器才能入库充气和检查。在进行通风换气降低二氧化碳纯度后，方可恢复正常进库。

用药饵毒鼠要注意及时清除死鼠。一般是用敌鼠钠盐来做毒饵，效果较好。其具体配方是：面粉 100g，猪油 20g，敌鼠钠盐 0.05g，水适量。先将敌鼠钠盐用热水溶化后倒入面粉中，再将猪油倒入混匀，压成 5～10mm 的薄饼，烙好后，切成 20mm 的小方块，作为毒饵。

1.4.4 冷库节能与科学管理

冷库是冷藏业中主要的用电部门，因此也是节能的核心部门。当前，冷库的制冷系统每冻结 1t 白条肉平均耗电为 110kW·h，其中高的耗电指标是每吨 180kW·h，低的耗电指标是每吨 70kW·h；对于冻结物冷藏间，贮藏 1t 冻食品，每天耗电平均为 0.4kW·h，其中高的耗电指标是每天每吨 1.4kW·h，低的耗电指标是每天每吨 0.2kW·h；对于冷却物冷藏间，贮藏 1t 食品每天耗电平均为 0.5kW·h，其中高的耗电指标每天每吨 1kW·h，低的耗电指标是每天每吨 0.3kW·h。由此可见，冷库的能耗随着地区之间、企业之间、设计和管理水平的不同存在很大的差别。因此。对冷库制冷系统进行技术改造和科学管理以达到节能目的，其潜力是很大的。

1. 采用新工艺、新技术、新设备的设计方案

（1）减少冷库围护结构单位热流量指标 在冷库设计中，低温冷库外墙的热流密度一般采用 $11.63W/m^2$ 左右。如果将热流密度降到 $6.98～8.14W/m^2$，则对于一座 5000～10000t 级的低温冷库，据统计，动力费可下降 10% 左右。当然，由于热流密度指标的降低，冷库围护结构的隔热层要加厚，初投资要提高。但与冷库运行费用的减少相比较，无论从经济角度，还是技术管理角度来考虑，采用降低冷库围护结构热流密度指标的做法都是合理的。

（2）缩小制冷系统制冷剂蒸发温度与库房温度的温差 当库房温度一定时，随着蒸发

温度与库房温度温差的缩小，蒸发温度就能相应提高。此时如果冷凝温度保持不变，就意味着制冷压缩机制冷量的提高，也就是说要获得相同的冷量可以少消耗电能。据估算，当蒸发温度每升高1℃，则可少耗电3%～4%。再则，小的温差对降低库房贮藏食品的干耗也是极为有利的，因为小的温差能使库房获得较大的相对湿度，能减缓库房内空气中热质交换程度，从而达到减少贮藏食品的干耗，尤其是对未包装贮藏食品，应该采用小的换热温差。

提高蒸发温度的措施主要是适当增大蒸发器的传热面积和增加通风量。

（3）根据不同的冷藏食品和不同的贮藏期确定相应的贮藏温度 人们可针对食品（特别是肉食品）在低温贮藏期间的生化变化及嗜低温细菌滋长和繁殖被抑制的程度，确定相应较佳的贮藏温度。如不超过半年的低温贮藏，一般采用的贮藏温度为-15～-18℃；超过半年的低温贮藏，贮藏温度应低于-18℃；对于含脂肪量大的食品（如鱼类），为防止低温贮藏期脂肪的氧化，应采取低于-18℃的贮藏温度，最好是-20～-25℃的温度。由此可见，采取了不同贮藏温度后，对于某些产品，特别是属于短时期贮藏者，就可适当提高制冷系统的蒸发温度，从而可以降低制冷系统的能耗。

（4）冻结间配用双速或变速电动机的冷风机 食品的冻结间冻结过程中，热量的释放实际上是不均匀的放热过程，所以冻结过程对冷却设备的需冷量也是不均匀的。食品的冻结过程由三个阶段组成：第一阶段是冷却阶段，食品温度由进库温度降至0℃左右；第二阶段是冰晶形成阶段，食品温度由0℃左右降至-5℃左右；第三阶段是冻结降温阶段，食品温度由-5℃降至-15℃左右。在食品冻结的三个阶段中，第二阶段所需冷量最大，此时冻结间所配冻结设备要全部投入运转。而在第一和第三阶段，由于单位时间内热负荷较少，可适当降低风速，减少风量，以达到节能的目的。研究表明，吹过食品的风速提高1倍，则风机所消耗的功率将增加8倍。风机所消耗的功率最终变成热量增加制冷装置的冷负荷。因此在食品冷藏过程中，应根据货物量热负荷的大小，调节一个合理的风速，以减少能量的损失。以往冻结采用的冷风机仅是一种转速，无法调节，如果冷风机配用双速或变速电动机，冻结的循环风量可以得到调节，从而达到节能的目的。

（5）冷却物冷库配用双速电动机的冷风机 冷却物冷库一般都是既用作冷藏又用作冷却。在货物进库时，用作冷却，此时热负荷较大，冷风机需较大的风量，电动机为高速档。当货物经冷却后进入贮藏期，其热负荷较小，冷风机风量可小些，电动机为低速档，以达到节能的目的。

（6）设计均匀气流组织 食品的冻结主要有三种方法：吹风冻结、接触式平板冻结和沉浸或喷淋冻结，其中最常用的是吹风冻结。国内的研究表明，气流的均匀性对隧道式鼓风冻结的能耗影响很大。仅仅通过优化冻结间的气流组织，即可达到节能15.8%。具体采用何种气流组织，应视库房货物堆放情况而定。如冻结整片肉，采用从上至下的垂直气流较好；冻结箱装食品，使用水平气流较好。已经设计好气流组织的冻结间、冷藏间，货物堆放时要正确合理，营造一个良好的空气循环回路。

（7）与蓄冷技术相结合，充分利用峰谷分时电价政策 我国自1984年开始在部分地区试行峰谷分时电价，即可以给在低谷时用电的用户以价格上的优惠，目前这一政策正在全国逐步实行。表1-29为河南省电力公司2011年公布的电网直供峰谷分时电价表，其中，尖峰时段18：00～22：00；高峰时段8：00～12：00；低谷时段0：00～8：00；平段12：00～

18：00、22：00~24：00。通常夜间为一个城市的用电低谷时间段，制冷装置夜间运行，就可以直接节省电费，获得显著的经济效益。另一方面，由于夜晚大气温度低于白天，使得制冷机的冷凝温度低于白天，在蒸发温度不变时，冷凝温度降低，制冷机的压缩比减小，输气系数增大，单位制冷量增大。因此在实际操作中，应尽可能让制冷装置在夜间运行，与蓄冷技术相结合，以获得经济效益。

表 1-29 河南省电网直供峰谷分时电价表

用电分类	电压等级	电度电价			
		尖峰	高峰	平段	低谷
大工业用电					
（1）一般大工业用电	1~10kV	1.01146	0.90103	0.58630	0.31022
	35~110kV 以下	0.98491	0.87748	0.57130	0.30272
	110kV	0.95836	0.85393	0.55630	0.29522
	220kV 及以上	0.94420	0.84137	0.54830	0.29122
（2）电炉铁合金、电解烧碱、电炉钙镁磷肥、电炉黄磷、电石、电解铝生产用电	1~10kV	0.97606	0.86963	0.56630	0.30022
	35~110kV 以下	0.94951	0.84608	0.55130	0.29272
	110kV	0.92296	0.82253	0.53630	0.28522
	220kV 及以上	0.90880	0.80997	0.52830	0.28122
（3）采用例子膜法工艺的氯碱生产用电	1~10kV	0.93358	0.83195	0.54230	0.28822
	35~110kV 以下	0.90703	0.80840	0.52730	0.28072
	110kV	0.88048	0.78485	0.51230	0.27322
	220kV 及以上	0.86632	0.77229	0.50430	0.26922
（4）合成氨生产用电	1~10kV	0.72534	0.64611	0.42030	0.22222
	35~110kV 以下	0.70764	0.63041	0.41030	0.21722
	110kV	0.68994	0.61471	0.40030	0.21222
	220kV 及以上	0.67224	0.59901	0.39030	0.20722
（5）磷肥、钾肥和复合（混）肥生产用电	1~10kV	0.80499	0.71676	0.46530	0.24472
	35~110kV 以下	0.78906	0.70263	0.45630	0.24022
	110kV	0.77313	0.68850	0.44730	0.23572
	220kV 及以上	0.75720	0.67437	0.43830	0.23122
工商业及其他用电					
（1）一般工商业及其他用电	不满 1kV	1.35838	1.20875	0.78230	0.40822
	1~10kV	1.29820	1.15537	0.74830	0.39122
	35~110kV 以下	1.23979	1.10356	0.71530	0.37472
（2）磷肥、钾肥和复合（混）肥生产用电	不满 1kV	0.99261	0.88318	0.57130	0.29772
	1~10kV	0.96960	0.86277	0.55830	0.29122
	35~110kV 以下	0.95367	0.84864	0.54930	0.28672

注：发布时间：2011-07-08，来源：河南省电力公司。

2. 及时进行冷藏食品的结构改革

（1）在市场上推广销售冷鲜肉　从卫生角度出发，市场出售的新鲜肉均应进行冷却，可达到明显的节能效果。推广销售冷鲜肉，不仅在外观、营养等品质方面保持肉的最佳质量，而且在能耗上也只有冻结肉的40%左右。

（2）肉胴体进行分割剔骨后的节能　将肉胴体进行分割剔骨，改变过去白条肉冻结和冷藏的做法。据统计资料介绍，肉胴体经剔骨、去肥膘处理后进行冻结贮藏，可节省劳动力25%，节省冻结能耗50%，节省低温冷藏空间50%。

（3）冷藏肉食品包装后的节能效果　冷藏肉食品如无包装，在贮藏时干耗较大，能量消耗也较大。包装的冷冻食品在贮藏期间的干耗基本上接近零。由于食品的干耗大大减少，减少蒸发器融霜次数，制冷压缩机的无效功也降低到最低程度，实际上也就起到了节约能源的作用。

3. 加强科学管理

加强科学管理是达到节能目的的重要一环，应建立完善管理制度，积极进行技术升级，尽量降低能耗。科学管理的主要内容有以下几点：

（1）建立能耗管理制度

1）日常运行管理。

① 填写工作日记。要坚持填写设备运行日记，主要填写内容是压缩机、氨泵、水泵、风机等动力设备的起动和停车时间，每隔2h记录各种制冷设备工作的温度、压力状况（如蒸发温度、冷凝温度、中间温度和压力、排气温度、吸气温度、膨胀阀前液体温度、库温、水温、室外温度、相对湿度等），以便检查各种设备的工作状态和工作效率。

② 按月进行统计。月平均工作状况，只有在一个月内，昼夜工作时数不变的情况下，才可以按算术平均数计算，否则要将每一个昼夜的日平均数乘以工作时数，然后将所有乘积加起来，除以一个月内的总工作时数。为了简化计算，月平均数可不以日平均数计算，而以全月记录合计数，除以全月记录次数求得。

2）制定单位冷量耗电量定额。单位冷量耗电量是按各制冷系统分别计算的每生产1kW冷量的耗电量。如-15℃制冷系统压缩机的每月制冷量为88430kW，压缩机每月耗电量为23000kW·h，则每千瓦冷量耗电为23000/88430kW·h=0.26kW·h。

单位冷量耗电定额是考核压缩机操作管理是否正常合理的指标。压缩机的蒸发温度应根据库房温度要求掌握。蒸发温度过低或压缩机无负荷运转，都会导致单位冷量耗电量增加。单位冷量耗电定额就是按库设计温度要求达到的蒸发温度来计算的单位冷量耗电量。

每月终了时计算出压缩机实际单位冷量耗电量和定额进行比较，以考核压缩机操作管理情况。计算单位冷量耗电定额时，蒸发温度按各制冷系统要求取值，冷凝温度按各制冷系统压缩机组实际月平均冷凝温度取值。

3）制定单位产品耗电量定额。单位产品耗电量是按每吨产品耗电量来计算的。单位产品耗电量是衡量冷库耗电的综合指标，它不但反映制冷设备的设计、运行和管理情况，而且反映冷库结构的设计、使用情况和冷库贮藏货物的管理情况（如库门的开启、人员进出时间、货物进出时间等）。每座冷库的单位产品耗电量是不可能相同的，应根据各自不同的情况制定单位产品耗电量定额。

冷库产品分冷冻品和冷藏品两大类。计算单位产品耗电量时，冷冻品（如机制冰、冻肉、冻副产品或冻鱼等）应分别按不同制冷设备进行计算。冷藏品应分别按高温贮藏（冷却物冷藏）和低温贮藏（冻结物冷藏）进行计算。对于各制冷系统共用的设备（如水泵、冷却塔风机等），可按各制冷系统（如冻结、制冰、贮冰、高温冷藏、低温冷藏等）制冷压缩机的制冷量大小进行分配计算。

对于冷冻品和机制冰，制定单位产品耗电量的定额比较容易，因为环境温度变化对其影响很小（围护结构渗入热只占总耗冷量的 5% ~ 10%），可直接按下列公式计算，即

$$单位产品耗电量 = \frac{设备总耗电量}{冷加工产品总数量（单位为 t）}$$

对于冷藏品，制定单位产品耗电量的定额比较困难，因为环境温度变化对其影响较大。因而只能以设计工况下的单位产品耗电量作为定额依据，并随环境温度变化进行调整。可参照下列公式计算，即

$$单位产品耗电量 = \frac{设备总耗电量（设计）}{贮藏数量（单位为 t）}\xi$$

式中，ξ 是环境温度修正系数，可按 $\xi = \frac{t_{实} - t_{库}}{t_{设} - t_{库}}$ 进行计算；$t_{实}$ 为实际环境温度（℃）；$t_{库}$ 为库房温度（℃）；$t_{设}$ 为设计环境温度（℃）。

（2）及时进行技术改造，淘汰能耗大的设备　科学技术在不断地发展，各种能耗低、效益高的设备会不断地出现。要及时进行技术改造，用新技术、新设备替代旧设备、老技术。根据实际测定，各类旧型号制冷压缩机单位轴功率制冷量普遍比新系列的制冷压缩机低，能耗指标高。

（3）合理堆垛，提高库房利用率　对商品进行合理堆垛，正确安排，能使库房增加装载量，即提高了库房的利用率（在设计许可条件下）。

1）改进堆码方式或提高堆码技术可提高商品堆码密度。如冻猪肉的堆码，四片井字垛头，平均每立方米库容可贮存 375 ~ 394kg；三片井字垛头，每立方米库容只能贮存 331 ~ 338kg。可见四片井字垛头比三片井字垛头能提高装载量约 13%。近年来，有的冷库广泛采用金属框架堆放猪肉为垛头，中间进行分层错排填装，平均每立方米库容可贮存 420 ~ 435kg。

2）充分利用有效容积。由于商品质量、批次、数量、级别等不同，即使是在货源充足的情况下也会有部分容积利用不足，因此，在使用中应采取勤整并、巧安排等办法，减少零星货堆，缩小货堆的间隙，适当扩大货堆容量，提高库房有效容积的利用率。

（4）其他措施

1）对制冷系统定期放油、放空气、融霜和除水垢，以保持热交换设备良好的传热效果和充分利用传热面积，以达到降低制冷系统的能量消耗。据资料介绍，蒸发器传热面如有 0.1mm 厚的油膜，为了保持设定的低温要求，蒸发温度就要下降 2.5℃，耗电增加 11%；当冷凝器的水管壁结水垢 1.5mm，冷凝温度要比原来上升 2.8℃，耗电增加 9.7%；当制冷系统中混有不凝结气体，其分压力达到 1.96×10^5 Pa 时，耗电要增加 18%。如库房冷却设备上有较厚的霜层，而霜层的热导率很小 [0.6W/(m · ℃)]，这将会导致管壁的热阻增加，换热效率降低，为达到库温，需要压缩机的运行时间延长而增加了电的消耗。

2）对冷却水系统要注意改善水质，减缓热交换器上的结垢，保持热交换器良好的传热

效果，降低冷凝压力（冷凝温度），以达到节能的目的。冷凝器的冷却水系统，由于长期使用，水中的矿物质会在管内或热交换器表面形成水垢，水垢的热导率很小[0.2W/(m·℃)]，从而增加了冷凝器的热阻，换热效率下降，致使冷凝温度上升。据计算可知，冷凝温度在25~40℃之间，每升高1℃，增加耗电量3.2%左右。长期不清洗冷凝器，水垢过多，换热效率低，致使冷凝压力升高，制冷系数下降。因此要定期对冷凝器进行除垢，以保持热交换设备良好的传热效果，以达到降低制冷系统能量消耗的目的。

3）节约用水。减少制冷装置的耗水量也是减少单位产品能耗的一部分重要工作。制冷系统用水主要是水冷冷凝器的冷却液系统用水、冷风机冲霜用水、制冰用水等。制冷压缩机效率低，制冷系统中冷凝压力过高都会使耗水量增加。另外，冷却液系统的供水管或水池有漏水也会使系统耗水量增加。为了节约用水，大多数都采用循环用水。

4）制冷系统运行时，应根据库房的热负荷和外界环境温度，合理调配制冷设备（如压缩机、氨泵、水泵、冷却塔风机、冷风机等）。

第 2 章 装配式冷库

1. 基本内容

1）装配式冷库的建筑结构，包括隔热板、屋面板、护墙板等基本构件及室内和室外用装配式冷库的建筑结构等。

2）冷库的装配及密封、库门的安装等。

3）制冷系统安装常用的施工工具与使用方法、制冷系统的安装、制冷系统的试压检漏和调试等。

4）制冷系统安全运行管理、库房操作管理、库房卫生管理、冷库节能等。

2. 基本目标

通过本章的学习，学生应具备装配式冷库建筑施工、制冷系统安装与调试、冷库运行管理等系统的基本知识和操作技能，能从事装配式冷库的现场施工工作。

3. 基本要求

了解装配式冷库的建筑结构和冷库的安全运行与管理，并能掌握装配式冷库现场施工要点及制冷系统的安装调试方法，尤其是氟利昂制冷系统与氨制冷系统之间的异同之处。

4. 本章重点及难点

1）本章重点：库体所使用的基本构件结构与形式、室内和室外用装配式冷库的建筑结构、库体的安装方法、制冷系统的试压检漏和调试、库房操作管理和库房卫生管理等。

2）本章难点：基本构件之间的装配关系及连接处的处理方法、室内和室外用装配式冷库的建筑结构等。

2.1 冷库建筑结构

2.1.1 装配式冷库建筑的特点

装配式冷库是近年来发展很快的一种冷库建筑形式。我国自行设计、制造和安装的第一座室外用装配式冷库于 1983 年建成投产，第一座室内用装配式冷库也于同年建成。装配式冷库具有以下特点：

（1）建设速度快、施工方便 因为绝大部分部件在工厂预制完成，现场施工工作量小，所需机械设备以及安装工人少，且现场施工为大件拼装，所以从订货到交付使用的周期较土建库短得多，建设资金周转快。

（2）组合灵活 装配式冷库是部件拼装，因此可根据不同的场地拼装成不同的外形尺寸。

（3）可拆卸重组 室外用装配式冷库地坪以上部分可拆卸重新在新的地坪上安装，室内用装配式冷库可完全无损拆卸重新组合。

（4）使用维护简单方便 墙体隔热围护结构用隔热板围成。隔热板为带有面层的泡沫塑料复合板，防潮隔汽性能好，无虫蛀鼠咬，使用中无需进行翻晒等维护工作。

（5）建筑结构维护容易　隔热用的泡沫塑料无冻融循环问题，室内用装配式冷库在无货时可随时停用，需要时可随时开机降温；室外用装配式冷库在控制降温和升温速率的条件下，也无需长年维持库温。

（6）热惰性小　建筑属于轻体结构，降温快，制冷系统停机后升温也快，库温不容易稳定，库温波动频率较高，波幅也较大。

2.1.2　基本构件

装配式冷库的库体由隔热板等基本构件拼装而成，这些基本构件除用于冷库之外，也可用于其他装配式建筑。

1. 隔热板

常用的隔热板如图 2-1 所示。隔热板基本结构是三层夹芯板结构，其基本组成是金属面层和泡沫塑料芯层。

a)　　　　　　　　　　　　　　　b)

c)　　　　　　　　　　　　　　　d)

图 2-1　隔热板
a）墙板　b）冷库门　c）T 形板　d）角板

（1）金属面层　金属面层为轧制瓦楞板，国内常用的材质有以下四种：

1）铝合金板。厚度为 0.8~1.0mm，表面可轧花或阳极氧化处理，也可不处理，铝合金不应与食品长期直接接触。

2）镀锌钢板。厚度为 0.4~0.8mm，镀锌钢板不允许与食品长期直接接触。

3）涂塑钢板。基材是厚度为 0.4~0.8mm 的冷连轧低碳钢板，经镀锌后外涂聚酯塑料，当板厚 δ≤0.75mm 时，最小弯心直径为（3~5）δ，面层铅笔硬度≥F。这种板材可与食品直接接触，符合国际卫生检验标准。

4）不锈钢板。所用材料应为奥氏体不锈钢，如 1Cr18Ni8Ti 等，厚度为 0.4~0.6mm，常用于要求较高的室内用装配式冷库。这种板材表面可进行轧花，外观极好，无锈蚀，易清洗，可与食品长期直接接触，符合国际卫生检验标准。

（2）芯层材料 常用的芯层材料有硬质聚氨酯泡沫塑料和硬质聚苯乙烯泡沫塑料两种。

1）硬质聚氨酯泡沫塑料。硬质聚氨酯泡沫塑料的加工原料与软质聚氨酯泡沫塑料一样，仅是配方不同。其夹芯板材是在铝模具中机械灌注一次发泡成型，依靠其自身的黏结力直接粘接在金属面层上。聚氨酯泡沫塑料具有优越的黏结性能，生产加工过程中可使泡沫芯材和面材间形成牢固的连接键，可不用其他黏结材料。发泡时压力不应小于 0.2MPa，其力学性能与安全性能要求如下：

密度：30~60 kg/m³　　10%抗压强度：≥0.2MPa
抗拉强度：≥0.2MPa　　闭孔率：≥97%
吸水率：≤3%　　自熄时间：≤7s

金属面硬质聚氨酯夹芯板的产品规格应满足国家现行建材行业标准《金属面硬质聚氨酯夹芯板》JC/T 868 的规定。板材的长度不宜大于 12000mm，宽度一般为 1000mm，板厚宜为 30mm、40mm、50mm、60mm、80mm、100mm 等。产品编号由产品代号（JYJB）、规格尺寸、标准编号三部分组成。譬如，长度为 6000mm、宽度为 1000mm、厚度为 40mm 的金属面硬质聚氨酯夹芯板，标记为 JYJB 6000×1000×40 JC/T 868。

对成品隔热板的性能要求如下：

粘接强度：≥抗拉强度　　长度偏差：≤2mm
宽度偏差：≤2mm　　对角线偏差：≤2mm

2）硬质聚苯乙烯泡沫塑料。聚苯乙烯泡沫塑料由可发性聚苯乙烯颗粒在模具中加热而成，成型的硬质聚苯乙烯泡沫塑料可以是板材，也可以是所需要的其他形状。用作冷库隔热时，密度应不小于 25kg/m³。对聚苯乙烯泡沫塑料的性能要求如下：

密度：≤35kg/m³　　50%抗压强度：≥0.15MPa
吸水率：≤4%　　自熄时间：≤2s

金属面聚苯乙烯夹芯板的芯材应通过黏结剂，将其与金属面层粘接在一起。通常用的黏结剂可分为聚氨酯黏结剂和改性酚醛胶树脂黏结剂。

金属面聚苯乙烯夹芯板的产品规格应满足国家现行建材行业标准《金属面聚苯乙烯夹芯板》JC 689 的规定。板材的长度不宜大于 12000mm，宽度一般为 1150mm 或 1200mm，板厚宜为 50mm、75mm、100mm、150mm、200mm、250mm 等。产品编号由产品代号（JJB）、规格尺寸、标准编号三部分组成。譬如，长度为 3000mm、宽度为 1200mm、厚度为 75mm 的金属面聚苯乙烯夹芯板，标记为 JJB 3000×1200×75 JC 689。

隔热板的连接有多种形式，常用的有偏心钩式、凹凸槽式、镶嵌条式、接缝现场发泡式等几种。图 2-2 所示为连接用偏心钩，图 2-3 所示隔热板的连接方式为凹凸槽加偏心钩式。

2. 屋面板

屋面板适合用作室外用装配式冷库和轻型房屋的房顶。屋面板为高波纹瓦楞板，有镀锌

图 2-2　连接用偏心钩

图 2-3　隔热板的凹凸槽加偏心钩连接

钢板表面涂漆和涂塑钢板两种，其基材与隔热面的金属面层相同。屋面板的形状如图 2-4 所示。当基材厚度为 0.6mm 时，每平方米屋面板质量仅为 4.75kg，应用屋面板可以做出极轻的屋顶。屋面

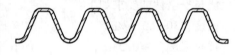

图 2-4　屋面板的形状

板采用高强度自攻螺钉固定在椽上，每个波谷均应固定，沿波谷的螺钉间距应不大于 1.5m。

3. 护墙板

护墙板适合用作室外用装配式冷库的裙板或轻型房屋的外围护板。护墙板为低波纹瓦楞板，如图 2-5 所示，其基材的涂层与屋面板完全相同。护墙板的固定方法与屋面板相同，但沿波谷的螺钉间距应不大于 0.6m。

图 2-5　护墙板断面

2.1.3　装配式冷库的建筑结构

由于室内用装配式冷库和室外用装配式冷库的使用场合与安装场地不同，它们的建筑结构形式与节点构造也有所不同。

1. 室内用装配式冷库

室内用装配式冷库的库容较小，通常采用自承重结构。此时，隔热板就是承重结构，无需另加支承件。室内用装配式冷库的地板、墙板和顶板都用隔热板组成，其墙侧板、墙角板、顶边板、顶中板、底边板和底侧板均为系列产品，安装时进行积木式组合即可。室内用装配式冷库库体的外形和装配如图 2-6 所示。

室内用装配式冷库的库内冷却设备应是冷风机，不宜采用冷却排管。冷风机安装在库内侧壁上，其开停与库门联锁。制冷机组安装在库顶之上或库后，温控器与温度计安装在门旁。室内用装配式冷库库门门锁应可在库内手工拆下，以便开启库门。选配制冷机组时，取工作时间系数为 0.5~0.7。

室内用装配式冷库的降温及升温速率不需要进行控制。

2. 室外用装配式冷库

室外用装配式冷库的库容量通常较大，库内净高一般在 3.5m 以上。库内地坪荷载较

大，在使用铲车的情况下，存储一般货物时可参考如下数值。存储桶装油等密度较大的货物时，应按实际情况进行计算。

库内净高：<4.8m 地坪活荷载：20kPa

<7.0m   30kPa

<9.0m   40kPa

库内冷却设备宜采用冷风机，宜采用多套独立的制冷机组，分别对一个或两个冷间供冷，工作时间系数取 0.5～0.6。小型库宜采用旋转门，大中型库宜采用平拉门。库门锁的库内开启要求与室内用装配式冷库相同。门框外应设防撞护栏，上方应设风幕，门内侧应装塑料门帘，库内应设通向机房的报警装置。室外用装配式冷库的月台、地坪隔热层以下部分与土建冷库相同。

（1）承重结构的形式 室外用装配式冷库的库体采用钢结构架承重，承重结构有两种形式，即内承重结构和外承重结构。

内承重结构如图 2-7 所示，承重钢架在库内，多用于具有全自动货架的冷库。其优点是承重钢架可与货架一体，钢架既支承库体又支承货架、制冷剂管和库内冷却设备、照明设备与管线。其缺点是库温波动时钢架受热应力很大，对连接件的强度要求很高；隔热结构以内的面积利用率低；隔热板暴露在外，易受风吹雨淋，屋面需进行防雨处理。

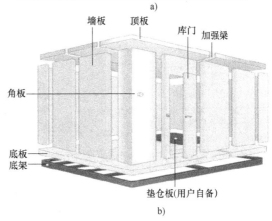

图 2-6　室内用装配式冷库库体的外形和装配

a）外形　b）装配

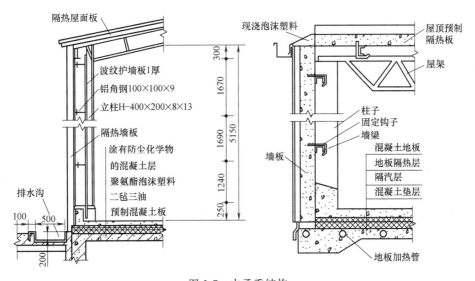

图 2-7　内承重结构

外承重结构一般部位的截面如图 2-8 所示，内隔墙处截面如图 2-9 所示。外承重结构的承重钢架在库外，多用于使用一般货架或不用货架的冷库。外承重结构的钢架桁架结构，仅支承库体，在钢架上方铺设屋面板，在四周上半部设裙板。其优点是所受热应力不大，对连接件的强度要求不很高，库内面积利用率较高，所用隔热板数量较少，防雨处理容易。其缺点是安装库内设备、照明灯具、风道等时需穿透隔热层，因此要进行防冷桥处理。

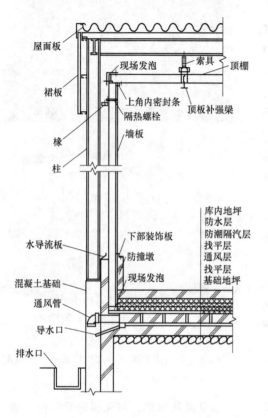

图 2-8　外承重结构的一般截面

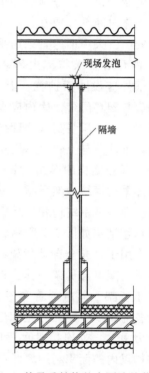

图 2-9　外承重结构的内隔墙处截面

室外用装配式冷库的降温及升温速率可以较快，但必须进行控制。降温和升温速率与承重结构形式有关，如为内承重结构，降温及升温速率可取 0.7~0.8℃/h；如为外承重结构，降温及升温速率可取 1.0~1.2℃/h。

（2）承重结构的材料　对于室外用装配式冷库承重结构的材料，应根据结构的重要性、荷载特征、结构形式、应力状态、连接方法、钢材厚度及工作环境等因素综合考虑，选用合适的钢材牌号和材性。在选用时应满足以下要求：

1）冷库承重结构的钢材宜采用 Q235 钢、Q345 钢，其质量应分别符合现行国家标准 GB/T 700—2006《碳素结构钢》和 GB/T 1591—2018《低合金高强度结构钢》的规定。当采用其他牌号的钢材时，还应符合相应标准的规定。

2）焊接结构不应采用 Q235 沸腾钢。非焊接但是处于冷间内工作温度等于或低于−20℃的钢结构也不应采用 Q235 沸腾钢。

3）冷库承重结构采用的钢材应具有抗拉强度，伸长率，屈服强度和硫、磷含量的合格保证，对焊接结构还应具有碳含量的合格保证。焊接承重结构以及重要的非焊接承重结构采用的钢材还应具有冷弯试验的合格保证。

4）对于需要验算疲劳的焊接结构的钢材，应具有常温冲击韧性的合格保证。当结构工作温度介于-20~0℃时，Q235钢和Q345钢应具有0℃冲击韧性的合格保证。当结构工作温度低于-20℃时，Q235钢和Q345钢应具有-20℃冲击韧性的合格保证。

对于需要验算疲劳的非焊接结构的钢材，也应具有常温冲击韧性的合格保证。当结构工作温度不高于-20℃时，Q235钢和Q345钢应具有0℃冲击韧性的合格保证。

5）对于处于外露环境且对耐腐蚀有特殊要求或在腐蚀性气态和固态介质作用下的承重结构，宜采用耐候钢，其质量应符合现行国家标准GB/T 4171—2008《耐候结构钢》的规定。

6）钢结构的连接材料应符合下列要求：

① 手工焊接采用的焊条，应符合现行国家标准GB/T 5117—2012《非合金钢及细晶粒钢焊条》或GB/T 5118—2012《热强钢焊条》的规定，选择的焊条型号应与主体金属力学性能相适应。对直接承受动力荷载或振动荷载且需要验算疲劳的结构，宜采用低氢型焊条。

② 自动焊接或半自动焊接采用的焊丝和相应的焊剂应与主体金属力学性能相适应，并应符合现行国家标准的规定。

③ 普通螺栓应符合现行国家标准GB/T 5780—2016《六角头螺栓 C 级》和GB/T 5782—2016《六角头螺栓》的规定。

④ 高强度螺栓应符合现行国家标准GB/T 1228—2006《钢结构用高强度大六角头螺栓》、GB/T 1229—2006《钢结构用高强度大六角螺母》、GB/T 1230—2006《钢结构用高强度垫圈》、GB/T 1231—2006《钢结构用高强度大六角头螺栓、大六角螺母、垫圈技术条件》或GB/T 3632—2008《钢结构用扭剪型高强度螺栓连接副》的规定。

⑤ 圆柱头焊钉（栓钉）连接件的材料应符合现行国家标准GB/T 10433—2002《电弧螺柱焊用圆柱头焊钉》的规定。

⑥ 锚栓可采用现行国家标准GB/T 700—2006《碳素结构钢》中规定的Q235钢或GB/T 1591—2008《低合金高强度结构钢》中规定的Q345钢制成。

此外，室外用装配式冷库的承重结构还需要做好以下涂装与防护措施：

① 钢结构防锈和防腐蚀采用的涂料、钢材表面的除锈等级以及防腐蚀对钢结构的构造要求等，应符合现行国家标准GB/T 50046—2018《工业建筑防腐蚀设计规范》和GB/T 8923.1—2011《涂覆涂料前钢材表面处理 表面清洁度的目视评定 第1部分：未涂覆过的钢材表面和全面清除原有涂层后的钢材表面的锈蚀等级和处理等级》的规定。

② 钢结构采用的防锈、防腐蚀材料应为环保材料。

③ 钢结构柱脚在地面以下的部分应采用强度等级较低的混凝土包裹（保护层厚度不应小于50mm），并应使包裹的混凝土高出地面不小于150mm。当柱脚在地面以上时，柱脚底面应高出地面不小于100mm。

④ 钢结构的防火性能应符合现行国家标准GB 50016—2014《建筑设计防火规范》等的规定。

2.2 冷库建筑施工

2.2.1 装配式冷库施工前的准备及配套建筑

中小型装配式冷库具有投资少、安装周期短、可活动搬迁等特点，库温能够自动控制，无需专人看管，既有安全保护装置，又有温度控制装置，目前得到了越来越广泛的应用。

装配式冷库在施工前，首先要根据设计说明了解机组的数量和型号、机组冷凝器的冷却方式、装配冷库所选蒸发器的形式，以及库体所选用的材料，再进一步确定机房的大小、制冷机组基础的尺寸和地脚螺栓孔的位置等。机组冷凝器若是风冷方式的，通常机组要置于室外，便于更好地通风散热，但必须对机组进行防雨防水处理。在人员流动多的场所，机组周围还必须做防护栅栏，以免冷凝器风叶伤人和碰坏机组。

中小型装配冷库有室内拼装的，也有放置在室外的。对室内装配式冷库，只考虑基础的加固和找平。对室外装配式冷库，除考虑基础的加固和找平外，还必须对室外装配式冷库进行防雨防水处理。库顶防雨处理，常采用的方法是在顶部铺贴防水材料，既节省费用，又安全可靠。

底部处理方法如下：首先在做冷库基础时，要使基础留有一定坡度，但不能太斜，便于出水即可，然后找平，在组装冷库前在基础上铺垫 30~50mm 的木板或槽钢。这样做一方面可防止水对库底的侵蚀，另一方面可减缓冷库底部对外传热。

因此，在装配式冷库的施工中，既要考虑制冷设备和库体布置合理，又要考虑装配式冷库在使用中节省能源和降低冷量损耗。

2.2.2 库体的安装

1. 冷库平面布置

平面布置分室内和室外两种，两种布置各有其特别之处。

（1）室内装配式冷库的布置

1）应有合适的安装间隙。在需要进行安装操作的地方，冷库墙板外侧离墙的距离不小于400mm；不需要进行安装操作的地方，冷库墙板外侧离墙的距离应在50~100mm；冷库地面隔热板底面应比室内地坪垫高100~200mm；冷库顶面隔热板外侧距离梁底应有不小于400mm 的安装间隙；冷库门口侧距离墙需有不小于1200mm 的操作距离。

2）应有良好的通风、采光条件。

3）安装场地及附近场所应清洁，符合食品卫生要求，并要远离易燃、易爆物品，避免异味气体进入库内。

4）冷库门的布置应便于冷藏货物的进出。

5）库内地面应放置垫仓板，货物应堆放在垫仓板上。

6）制冷设备的布置应考虑振动、噪声对周围场所的影响，也应考虑设备的操作维修、接管长度等。

7）冷库的平面布置，需根据预制板的宽度和高度模数及安装场地的实际情况进行综合考虑。冷库制造厂家提供其标准的冷库组合表供设计和使用者选择。

（2）室外装配式冷库的布置　布置时除了食品卫生要求、安全要求和制冷设备布置要求与室内型冷库相同外，还应满足土建式冷库平面布置的一些要求。另外，尚有下列几点特别要求：

1）只设常温穿堂，不设高、低温穿堂。冷库门可设不隔热门斗和薄膜门帘，并设风幕。

2）门口设防撞柱，沿墙边设 600~800mm 高的防护栏。

3）冻结间、冻结物冷藏间应设平衡窗。

4）朝阳的墙面应采取遮阳措施，避免阳光直射。

5）轻型防雨棚下应设防热辐射装置，并应考虑顶棚通风。

6）机房、设备间也可由预制板装配而成，与冷库成为一体。

7）冷库的平面布置造型基本上与室内型相同。

2. 冷库的装配

冷库的装配分室内型和室外型。室内型装配比较简单；室外型装配比较复杂，有些还需要对预制板进行再加工制作，使其满足安装要求。

（1）室内型　采用偏心钩和螺栓连接的冷库，只要根据装配式冷库制造厂的安装说明书进行安装即可。

（2）室外型　如果预制板采用偏心钩和螺栓连接，则其安装程序和室内型相同。如果预制板采用其他方法连接，则其安装程序如下：

1）先做好冷库的基础和地坪（隔热底板以下，需用水平仪校平）。

2）按冷库平面尺寸放线，做好外框架，做好隔热墙板的固定撑板。

3）安装墙板预制板。先安装一个转角板，然后依次进行。

4）做好顶板吊架、安装顶板。

5）用聚氨酯现场发泡，浇注顶板的预留浇注缝。

6）安装主地坪隔热板，用聚氨酯现场发泡浇注底板的预留浇注缝。

7）安装隔墙板。

8）用钢筋混凝土浇注库内地坪。

9）安装冷库门框、门、风幕等。

10）安装库内制冷设备、照明灯、控制元件等。

室外用装配式冷库隔热板节点构造较特殊，需仔细处理，常见的节点如图 2-10~图 2-14 所示。

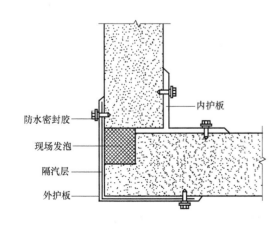

图 2-10　墙角现场发泡连接图

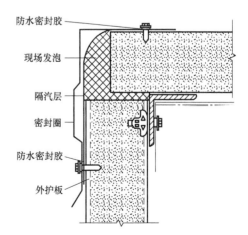

图 2-11　墙顶现场发泡连接图

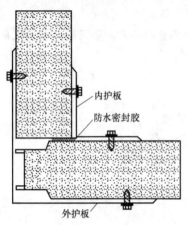

图 2-12 墙角不发泡连接图

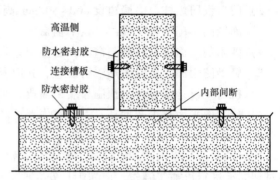

图 2-13 隔墙连接图

3. 装配中的密封

（1）板缝密封　板缝密封做得好与坏，对冷库的质量影响很大。如果材料使用不当，或安装施工时密封做得不好，就必定会增大冷库的冷耗，严重时会造成隔热板外侧严重结水或库板内结冰。板缝的密封材料应无毒、无臭、耐老化、耐低温，有良好的弹性和隔热、防潮性能。国内目前常用的密封材料有聚氨酯软泡沫塑料、聚乙烯软泡沫塑料、硅橡胶、聚氨酯预聚体、丙烯酸密封胶等。装配时还要用到一些构件，如角铝、工字铝、连接板、螺栓等。

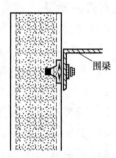

图 2-14　围梁连接图

（2）现场接缝的浇注　在垂直板缝的情况下，浇注的接缝要受很大的压力，沿接缝增加浇注孔可控制聚氨酯的浇注，一般 1.2m 设置一个 ϕ10mm 浇注孔，浇注后用一个塑料塞塞住。加固件与预制板面的连接一般采用拉铆钉，中心距为 200mm。

（3）管道设备隔热层的现场浇注　制冷管道和设备的隔热大部分是用聚氨酯现场浇注。管道隔热前应先涂防锈漆，然后在铝合金外壳与管子间每隔一段放置预制好的聚氨酯管瓦以保持间距，在外壳上每隔一定距离应留有浇注孔，浇毕后用塑料塞塞住。

4. 对冷库装配的整体要求

1）库体连接要牢固，连接机构不得有漏连、虚连现象，其拉力应不低于 1471.5N。

2）库体板涂层要均匀、光滑、色调一致，而且无疤痕、无泡孔、无皱裂和剥落现象。

3）库体要平整，接缝处板间错位应不大于 2mm，板与板之间的接缝应均匀、严密、可靠。

2.2.3　门框、库门

装配式冷库的门框与土建式冷库的门框有所不同，门框架固定在预制板上，既要牢固，又要轻巧，还要考虑防撞和防冻。门框架大都采用工程塑料、不锈钢板和硬质木料。吊挂式平移门的门框架承受的力较大，需进行加强处理，如图 2-15～图 2-17 所示。

库门应装配门锁和把手，并且应有安全脱锁装置，使工作人员在库内外都能开启。门开启应灵活，关闭时密封条应紧贴门框四周。

在冻结间和冻结物冷藏间的门或门框上，应安装电压不大于 24V 的电加热器，以防止凝露和结冰。库门的安装如图 2-15 所示。

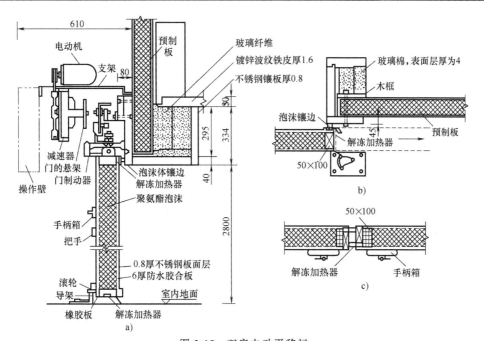

图 2-15　双扇电动平移门

a）侧视图　b）顶部结构图　c）底部结构图

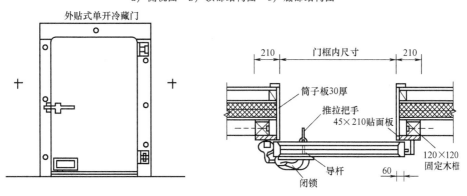

图 2-16　外贴式单开冷藏门

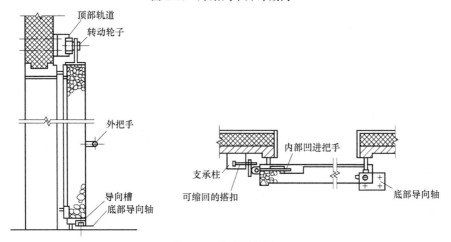

图 2-17　手动平移门

2.3 制冷系统的安装与调试

2.3.1 制冷系统的安装

1. 常用的施工工具及其用法

（1）施工工具和材料

1）真空压力表。图2-18所示为真空压力表。表面上有两圈刻度：外圈表示氟利昂的蒸发温度或冷凝温度，单位是℃；内圈表示压力与真空度，单位是MPa。这种真空压力表既可以测量氟利昂气体的相对压力，又可以测量相对真空度，还可以读出与氟利昂相对压力所对应的蒸发温度或冷凝温度。有的还可以与三通阀连在一起，叫三通真空压力表，使用起来比较方便，常用来测定制冷系统的低压压力和高压压力。

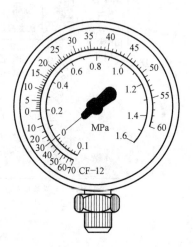

图2-18 真空压力表

2）扩喇叭口工具。在管道连接过程中，往往要碰到铜管与其他设备的活接问题，例如，铜管与阀门活接。为了防止制冷剂泄漏，其接口需要扩成喇叭口形状，为此而使用的工具被称为扩喇叭口工具，其结构形状如图2-19所示。

3）冲大小头工具。为了把两根直径相同的铜管对接，往往把其中一根铜管的内径扩大为比另一根铜管的外径大0.2~0.5mm，再对接焊牢，这种用于扩大管口的工具叫冲大小头工具。它也是扩口工具的一种，其结构形状如图2-20所示。

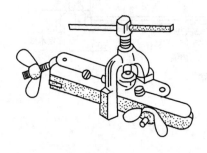

图2-19 扩喇叭口工具

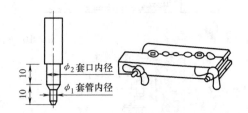

图2-20 冲大小头工具

4）割管刀。割管刀又叫割刀，是一种切割铜管的工具，其结构形状如图2-21所示。其切割后的管口整齐光滑，适用于扩口。小割管刀适用于φ(3~25)mm的铜管切割。

5）连接管。连接管是充注氟利昂时作为氟利昂的通道用的，可以在铜管两头扩成喇叭口，套以两个螺母制成，如图2-22所示。

6）弯管器。弯管器是一种用来弯曲铜管的工具，适用于弯曲管径小于φ20mm的小铜管，弯曲半径大于铜管管径的5倍。对不同的管子应选用不同弯管规格的模子，其外形如图2-23所示。

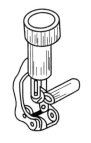

图 2-21　割管刀

图 2-22　连接管

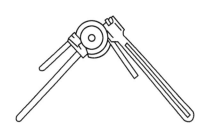

图 2-23　弯管器

7）其他工具。其他工具包括修理阀、封口钳、套气焊设备等。

（2）常用工具的使用方法　氟利昂制冷系统的管道，许多是由铜管制作的，这里主要介绍铜管的切割和扩口。

1）割管刀的用法。割管刀由支架、切轮、两个底轮和一个可调节的手柄旋钮组成。两个底轮可以滚动，调节手柄旋钮可以调节切轮的高低。切割时，把铜管放在两个底轮之上，调节手柄旋钮使切轮垂直压住铜管，构成铜管与三个轮子外切的形状，如图 2-24

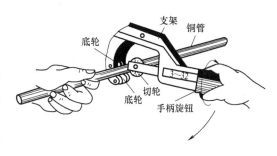

图 2-24　用割管刀切割铜管

所示。接着左手用力握住铜管，右手慢慢顺时针旋转手柄旋钮，使切轮压向铜管，并且边旋转边使割管刀绕铜管做圆周运动。随着割管刀的转动，切轮就会切割铜管。割管刀的进给量不宜过深，防止挤扁铜管或损坏刀口。用割管刀切割的铜管，断面整齐光滑，适于胀口。

2）胀管器具的用法。铜管的扩口有两种：一种是扩套口，另一种是扩喇叭口。套口用于铜管与铜管之间的连接，喇叭口常用于铜管与修理阀门之间的活接。

① 扩套口。相同管径套接，需要把其中一根铜管的内径扩大，如图 2-25a 所示，再用银焊、铜焊或锡焊焊接，强度比较大，不易裂缝。

扩套口使用冲大小头工具。先把要扩套口的铜管退火；冷却后，用夹具夹紧（夹具固定在台虎钳上），待扩的管头露出夹具约 15mm；选定所需扩套口内径的冲子，放在管口内，再用锤子敲打冲子，边敲打边把冲子旋转一个角度，直到冲好为止。最终，将铜管的内径扩成冲子内径的大小，如图 2-25b 所示。

② 扩喇叭口。铜管与修理阀相活接，需要把铜管扩成喇叭口形状，以便连接起来减少制冷剂的泄漏，如图 2-26a 所示。

扩喇叭口需用扩喇叭口工具。扩口前应先把铜管退火，然后把它夹在扩喇叭口工具的夹具上，管口露出夹具约 0.5mm。把 U 字形铁架上的顶角为 90°的圆锥体放在它上面，夹具夹在台虎钳上，顺时针旋转铁杆，冲子就逐渐往下挤压，慢慢地就把铜管扩成了喇叭口形状，如图 2-26b 所示。

2. 系统安装

氟利昂系统的安装主要指设备和管道布置的安装，其中氟利昂系统的设备安装与氨系统设备安装方法基本相近，这里不再重复。管道安装也适用于装配式冷库。

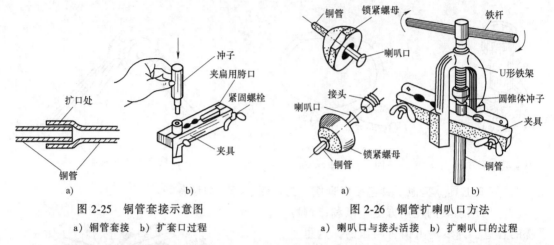

图 2-25 铜管套接示意图
a) 铜管套接 b) 扩套口过程

图 2-26 铜管扩喇叭口方法
a) 喇叭口与接头活接 b) 扩喇叭口的过程

　　因为氟利昂与润滑油是相溶的，所以其系统管道布置及安装除了应该考虑管道与设备之间、管道与管道之间要保持合理的位置关系外，还要保证制冷剂在系统中顺利地循环流动，并处理好回油和制冷机之间的均油等问题。下面就对氟利昂制冷系统的管道布置及安装做详细介绍。

　　（1）制冷压缩机吸气管道　制冷系统投入运行后，润滑油随着制冷剂进入蒸发器中，液体制冷剂在蒸发器内汽化，润滑油与制冷剂蒸气仍混在一起。吸气管道的布置应使润滑油能顺利地随吸气返回制冷压缩机中。吸气管道与制冷压缩机如何连接，应根据蒸发器与制冷压缩机的相对位置确定。

　　1）为了保证润滑油随氟利昂气体能顺利地返回压缩机曲轴箱内，吸气管的水平管段应有不小于 2/1000 的坡度，坡向压缩机。

　　2）蒸发器和制冷压缩机布置在同一水平位置时，吸气管的布置应如图 2-27 所示，使蒸发器与制冷压缩机之间的管路形成倒 U 形弯，防止停机后液体制冷剂进入制冷压缩机内。

　　3）蒸发器在制冷压缩机上方时，蒸发器上部管道应做成图 2-28 所示的 U 形弯。

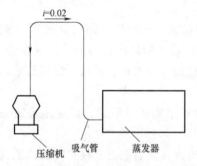

图 2-27 蒸发器与制冷压缩机在相同标高的
管道连接示意图（i 为坡度）

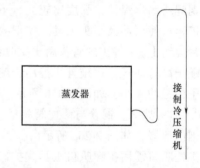

图 2-28 蒸发器在制冷压缩机上方时的
管道连接方式

　　4）蒸发器在制冷压缩机下方时，其吸气管的连接方式如图 2-29 所示。由蒸发器至制冷压缩机的吸气立管，在负荷最小、制冷剂气体流速最低时，必须保证能将润滑油均匀地带回制冷压缩机。润滑油能否被制冷剂气体经向上的吸气立管带至制冷压缩机，取决于立管中制冷剂气体的流速和密度。

（2）制冷压缩机排气管道　安装制冷压缩机排气管道时，应根据下列原则进行：

1）制冷系统排气管的水平管段应有不小于 1/100 的坡度，坡向冷凝器，使制冷压缩机的润滑油流入冷凝器，防止其返回制冷压缩机的顶部。

2）若制冷系统的直立排气管长度达 2.5~3m，为防止管内壁沉淀的润滑油进入制冷压缩机顶部，应使排气管形成图 2-30 所示的存油弯。存油弯在停车时存留液体制冷剂和润滑油的混合液体。如直立管较长，除在靠近制冷压缩机处设一个存油弯外，每隔 8m 应再设一个存油弯，以保证存留混合液的容量，如图 2-30 所示。设有油分离器的排气管，可不设存油弯，系统停车后排气立管的润滑油可流入油分离器中，而不会产生倒灌制冷压缩机的现象。

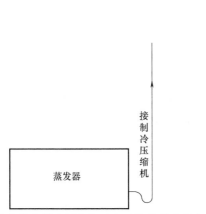

图 2-29　蒸发器在制冷压缩机下方时的管道连接方式

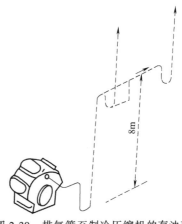

图 2-30　排气管至制冷压缩机的存油弯

3）两台或多台制冷压缩机并联时，若排气总管安装在制冷压缩机的下方，为防止在运转中制冷压缩机排出的润滑油流入停用的制冷压缩机中，其排气总管应采取图 2-31 所示的连接方式。

4）排气总管安装在制冷压缩机上方时，制冷压缩机的排气管应从上面接入总管，以防止排气管的润滑油倒流入停用的制冷压缩机内。连接方式如图 2-32 所示。

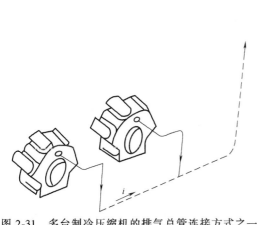

图 2-31　多台制冷压缩机的排气总管连接方式之一

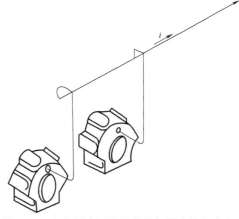

图 2-32　多台制冷压缩机的排气管连接方式之二

（3）冷凝器至贮液器的液体管道　冷凝器至贮液器的制冷剂液体是靠液体重力流入的，为了防止冷凝器排出液体时出现高液位现象，冷凝器与贮液器之间应保持一定的高度差，其连接的管道要保持一定的坡度。

1）卧式冷凝器至贮液器的液体管道。管道内的液体流速不应超过 0.5m/s，水平管段的坡度为 1/50，坡向贮液器。冷凝器至贮液器之间的阀门，应安装在距离冷凝器下部出口处不小于 200mm 的位置，其连接方式如图 2-33 所示。

2）蒸发式冷凝器至贮液器的液体管道。单组冷却排管的蒸发式冷凝器，可用液体管本身进行均压。冷凝液体的流速不应超过 0.5m/s，水平管段的坡度为 1/50，坡向贮液器。如阀门安装位置受施工条件限制，可装在立管上，但必须装在出液口 200mm 以下的位置。为了保证系统的正常运转，蒸发式冷凝器排管的出口处应安装放空气阀。如果冷凝器与贮液器之间不安装均压管，则应在贮液器上安装放空气阀，其连接方式如图 2-34 所示。

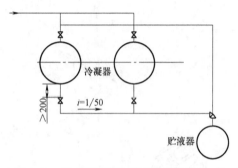

图 2-33 卧式冷凝器与贮液器的连接方式

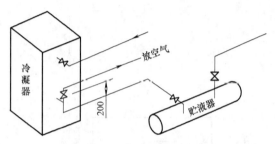

图 2-34 单台蒸发式冷凝器与贮液器的连接方式

3）多台蒸发式冷凝器并联使用液体管道。为防止由于各台冷凝器内的压力不一致而造成冷凝器出液回灌入压力较低的冷凝器中，液体出口的立管段应留有足够高度，以平衡各台冷凝器之间的压差和抵消排管的压降。液体总管进入贮液器前向上弯起作为液封。冷凝器液体出口与贮液器进液水平管的垂直高度应不小于 600mm。冷凝液体的流速不应大于 0.5m/s，并有 1/50 坡度，坡向贮液器。冷凝器与贮液器应安装均压管，其连接方式如图 2-35 所示。

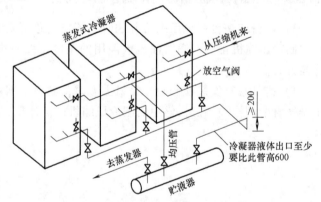

图 2-35 多台蒸发式冷凝器与贮液器的连接方式之一

此连接方式仅适用于冷却排管压降较小的冷凝器（约为 0.007MPa）。如压降较大，则压降每增加 0.007MPa，冷凝器液体出口与贮液器进液水平管的垂直高度应相应增加 600mm。如安装的垂直高度受施工现场的条件限制，可将均压管安装在冷凝器的液体出口管段上，其安装的垂直高度不需考虑冷却排管的压降，只需考虑克服进液管管件和阀门的阻力，其连接方式如图 2-36 所示。

该连接方式可以降低冷凝器的安装高度，冷凝器出液口至贮液器进液口的高度差达到 450mm，即可满足要求。需注意，各并联的冷凝器的规格和阻力应相同。在系统运转中，如停用某台冷凝器，必须用阀门与系统切断，以防止制冷压缩机的排气流经停用的冷凝器而倒灌入其他冷凝器的出口端。

（4）冷凝器或贮液器至蒸发器的液体管道　在冷凝器或贮液器至蒸发器的液体管道上，由于安装有干燥器、过滤器、电磁阀等附件，导致膨胀阀前压力损失和供液到高处的静液柱压力损失。同时，管外侵入的热量会使制冷剂温度上升，当以上因素超过制冷剂的过冷度时，将会出现闪发气体，造成膨胀阀工作不稳定，供液量不足，制冷能力下降。为防止产生闪发气体，

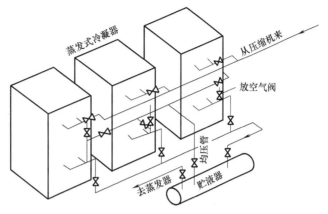

图 2-36　多台蒸发式冷凝器与贮液器的连接方式之二

应在制冷系统中设置回热器，使膨胀阀前的液体制冷剂得到一定的过冷。

在氟利昂系统中设置的回热器，是从贮液器引出的高压液体制冷剂与来自蒸发器的低压气体制冷剂进行热交换，使高压液体制冷剂得到过冷，同时在热交换过程中使夹杂在低压气体制冷剂中的液滴吸收热量而汽化，可防止压缩机出现湿行程。

为防止环境温度对液体制冷剂温度产生影响，当液体制冷剂温度低于环境温度时，可采取隔热措施。

1）单台蒸发器在冷凝器或贮液器下方时的管道连接方式。为防止在制冷系统停止运行时液体制冷剂流向蒸发器，在系统中没有安装电磁阀的情况下，应安装倒 U 形液封管，其高度不小于 2000mm，其连接方式如图 2-37 所示。

2）多台蒸发器在冷凝器或贮液器上方时的管道连接方式。采用多台蒸发器在冷凝器或贮液器上方时，连接方式如图 2-38 所示。如果液体管道的压力损失较大，则膨胀阀尺寸应比充分过冷时增大一号。

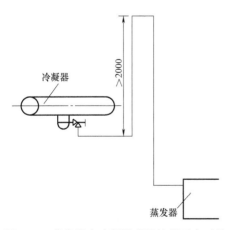

图 2-37　蒸发器在冷凝器或贮液器下方时的管道连接示意图

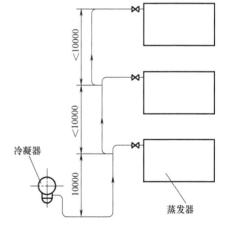

图 2-38　蒸发器在冷凝器或贮液器上方时的管道连接示意图

2.3.2　试压检漏

氟利昂制冷系统一般要采用工业上的干燥氮气进行试压检漏，这是因为氮气内无水分，

也没有腐蚀作用，比较纯净，且价格较低。若无氮气，也可用经干燥处理的压缩空气。试验压力根据部颁标准，对于 R22 来说，高压为 2.0MPa，低压为 1.0MPa。目前国内氟利昂系统冷库绝大部分仍使用 R22。

1. 试压检漏的方法

1）高、低压部分连接刻有真空度的压力表，刻度范围应为试验压力的 1.5 ~ 2 倍。

2）将接通大气的阀门关闭，系统中的阀门全部开启。

3）将吸入阀上的锥形螺塞拧下，将铜管或高压橡皮管用接头与氮气瓶连接。吸入阀应呈半开启状态。打开氮气瓶阀，向系统充氮气，待压力升到 0.5 ~ 0.6MPa 时停止。用肥皂水涂于各焊缝、阀门、法兰等连接处，检查有无渗漏。若有渗漏，可在渗漏点画上记号，待全部检查完毕，将氮气放掉，并接通大气后进行补焊或修理，处理妥当后继续进行升压试验。

4）继续升压到 1MPa，用肥皂水检漏。检查时要仔细、耐心，有些小漏处，肥皂泡时断时续，很难观察，在接头处一般要涂 3 次以上反复查看。若查出泄漏处，应按第 3）条方法处理。若检查无问题，则将蒸发器前的截止阀（或电磁阀前的截止阀）关闭，中间冷却器和热交换器的供液阀也要关闭，关闭压缩机的吸入阀，将吸入阀处的锥形螺塞的连接管拆下来，连同氮气瓶一起接到排出阀的螺塞处，继续向高压部分充氮气升压。

5）向高压部分充氮气升压时，机器排出阀应处于半开状态，为不使压缩机内压力过高，吸入阀处的螺塞可以不拧上。压力升到 1.6MPa 时，将氮气瓶阀和压缩机的排出阀关闭，继续用肥皂水检漏。

6）经检查未发现渗漏，可记下当时的压力、温度，经 24h 后再检查压力和温度的下降情况。一般温差不大于 5℃时，压降不超过 0.03MPa，即为合格。若压力有明显下降，应重新检查，直至合格为止。

目前商业小冷库多采用机组的形式，出厂时系统的高压部分都充装有氟利昂制冷剂，因此，系统的高压部分一般不用试压，只试验低压部分即可。

2. 真空试验

试验检漏合格后要进行真空试验。真空试验的目的是进一步对系统进行气密性检查，以及排除空气和其他不凝性气体，并使系统中的水分蒸发排出。

真空试验可由专设的真空泵进行。若没有真空泵，可用系统本身的压缩机抽空，其方法基本与氨系统相同，不同点有以下几个方面：

1）关闭压缩机的排出阀，将系统中的其他阀全部开启（如贮液器的出液阀、膨胀阀等），并将排出阀上的锥形螺塞拧下来，接上相应的排气管。

2）系统的调整工作妥当后，起动压缩机。起动压缩机前的准备工作与氨压缩机相同。

3）抽真空时压缩机可间断进行，但应注意压缩机的油压，应比吸气压力高 0.27×10^5Pa。如系统装有油压继电器，则应将油压继电器的接点暂时保持短接状态；否则，压力低于油压继电器设定值，压缩机会自动停车，影响抽真空工作。

4）当压力抽至 0.87×10^5Pa，压缩机排不出气体，此时可用手堵住排出阀锥形螺孔处，迅速全开压缩机的排出阀，使该阀的倒关装置关严，将手拿开，拧上锥形螺塞即可，并停止压缩机的运转。

5）系统抽真空后，放置 24h，真空表回升不超过 667Pa 即为合格。

2.3.3 制冷系统的调试

1. 充注制冷剂

制冷系统经过抽真空并确信无渗漏后，就可以开始充注制冷剂。充注制冷剂的方法有以下两种。

（1）从压缩机排出阀三通孔充装 这种充装方法是将氟利昂液体直接注入系统。其优点是灌注速度快而且安全，适用于系统内无制冷剂而且抽过真空的情况，也就是适用于第一次灌注，它靠钢瓶内的氟利昂与系统之间的压差与高度差自行排入系统。若用这种方法灌注氟利昂蒸气，则注入量很少，只有灌入液体时才能灌得多而且快。但是利用这种方法瓶内的氟利昂灌不彻底，当系统内压力高于 0.3MPa 时，应停止在高压侧充装，若充装量不够，可改为由吸入侧充装。从高压侧充装氟利昂时，切不可起动压缩机，以防发生事故。

（2）从压缩机吸入阀三通孔充装 从压缩机低压侧充装氟利昂气体，要开启压缩机，不可将液态制冷剂注入，以防压缩机发生液击，这种方法适用于系统充装量不够需要补充的情况。由于小型氟利昂装置多采用机组形式，高压部分在制造厂已充装氟利昂，因此多数小型氟利昂装置需要补充制冷剂就可以了。低压段充装制冷剂的方法如图 2-39 所示，注意吸气截止阀阀杆是朝下的。现将低压侧充装氟利昂的操作方法介绍如下。

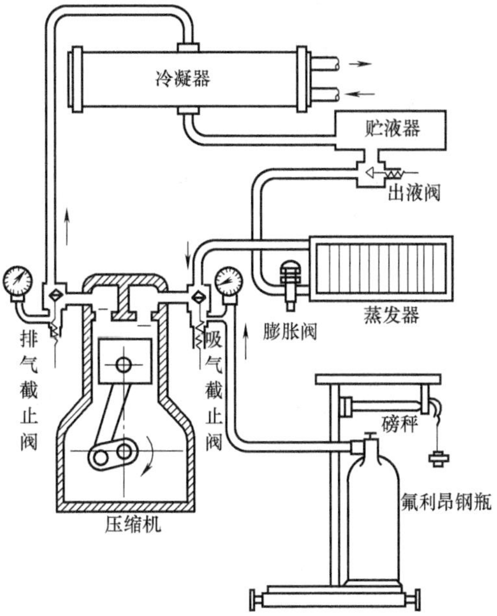

1）将机器的吸入阀全部打开，以关闭三通孔，将锥形螺塞拧下来，装上锥形接头。

2）将制冷剂钢瓶竖放在磅秤上。

3）用连接管把压缩机旁通接头和制冷剂钢瓶阀连接起来。

4）稍微开启钢瓶阀并随即关闭，再松一松压缩机吸入阀三通孔接头，让管内的空气被有压力的制冷剂赶出，听到气流喷出声消失后立即拧紧。

图 2-39 低压段充装制冷剂的方法

5）记下钢瓶重量。

6）开制冷系统的冷却水阀（风冷凝的即开风机），检查排出阀是否打开，起动压缩机。

7）开启制冷剂钢瓶阀。

8）逆时针旋转压缩机的吸入阀半圈左右，三通孔被接通，钢瓶内制冷剂蒸气被压缩机吸入。应注意压缩机是否有吸入液体制冷剂的声音，若有异声，应将压缩机吸入阀按顺时针开足，切断与钢瓶的联系，待机器阀片启跳的声音正常后再将机器的吸入阀按逆时针旋转半圈左右，机器运转完全正常后可按逆时针旋转 1~2 圈。这时钢管先结露，然后结白霜。

9）随时查看磅秤读数，当加入量足够时立即关闭钢瓶阀，再顺时针全部开足吸入阀杆，以关闭三通孔。拆下连接管，拧上锥形堵，充装工作结束。

补充制冷剂的数量往往不好确定，可根据排管的结霜情况判断，一般各组排管都结霜均匀，压缩机吸入阀处结有干霜。同时结合吸气压力表和排气压力表进行判断，通常对于 R22

来说，吸气压力达到 0.2 ~ 0.3MPa，排气压力达到 1 ~ 1.4MPa，可视为制冷剂补充量已经满足。

2. 系统试运行

此部分内容同第 1 章。

3. 系统调试

此部分内容同第 1 章。

2.4 冷库运行管理

装配式冷库的运行与管理绝大部分内容与第 1 章土建式冷库相同，在此仅介绍装配式冷库与土建式冷库运行管理的不同之处。

2.4.1 制冷系统安全运行管理

装配式冷库目前所采用的大部分都是氟利昂制冷系统，该制冷系统无论从制冷剂的安全性还是系统操作的自动化程度，都要比氨制冷系统好得多，因此为了保证安全运行，其对操作工的要求低得多，也更简单。

1. 安全装置

（1）压力监视及其安全设备

1）压力监视。对于氟利昂制冷系统，每台压缩机的吸排气侧、中间冷却器、冷凝器、蒸发器等均需装有相应的压力表。使用氟利昂制冷剂专用压力表，制冷系统上的压力表，必须经过检验部门检验合格并铅封好，方可使用。

2）压力保护安全设备。为了防止制冷系统压力过高或过低，与氨制冷系统一样，在制冷系统的关键地方也要设置压力保护装置。

① 安全阀。安全阀不仅在氨制冷系统使用，在氟利昂制冷系统的高压部分也要使用，R22 制冷剂所用制冷设备的安全阀开启压力见表 2-1。R22 两级压缩机的低压机，其中安全阀自动开启的压力与两级氨压缩机相同，故不赘述。

表 2-1 安全阀的开启压力

项目	开启压力/bar
	R22
冷凝器、高压贮液器等	18.1
中间冷却器	12.3

注：$1bar = 10^5 Pa$。

氟利昂制冷系统安全阀的流通面积要求与氨制冷系统相同。

② 继电器保护安全设备。氟利昂制冷系统也需要采用压力继电器、压差继电器等安全设备，以实现压缩机的高压、中压、低压保护，油压差保护，以及制冷设备的断水保护。高压和低压继电器的调整压力值，依制冷剂的种类而定。中压压力继电器的调整值，应根据实际经验确定，一般情况下，其调整压力不大于 $7.84×10^5 Pa$。对中、小型氟利昂制冷剂的制冷系统，一般不设置安全阀，仅用高、低压力继电器作为安全保护设备。

③ 熔塞。熔塞的结构、使用方法及要求同第 1 章中的氨制冷系统。

（2）液位监视及其安全设备　为防止压缩机湿压缩，氟利昂制冷系统必须在气液分离器、中间冷却器、贮液器等设备上设置液位指示、控制和报警装置。

（3）温度监视及其安全设备　氟利昂制冷系统需要温度监视的地方主要有压缩机排气温度、吸气温度、润滑油温度、蒸发温度、冷凝温度等。

2. 安全操作

目前，氟利昂制冷系统的自动化程度已很高，有的冷库已经达到了无人值守的程度，因此关于氟利昂系统的安全操作在此不过多介绍，可以参考相关的书籍资料。

3. 制冷剂钢瓶的使用与管理

氟利昂制冷系统制冷剂的充注量较氨制冷系统少得多，氟利昂也比氨安全得多，所以氟利昂制冷剂钢瓶的使用与管理也没有氨钢瓶严格。在使用过程中按照第 1 章氨钢瓶的使用与管理要求执行即可。

4. 人身安全及救护

氟利昂类制冷剂虽然没有氨危险，但氟利昂会引起人窒息，当与氧气混合时，再与明火接触则发生分解，生成对人体十分有害的氟化氢、氯化氢和光气。氟利昂类制冷剂的"人身安全及救护"请参阅第 1 章相关章节的内容。

2.4.2　库房操作管理

此部分内容绝大部分同第 1 章，在此仅介绍不同之处。

1）装配式冷库基本构件使用的是隔热板，其对库温的变化不敏感，高、低温库房可以转换使用。

2）在没有商品存放时，装配式冷库的制冷系统可以停机，库温升至常温，不需要维持一定的低温。

3）库房内的蒸发器基本都是冷风机，要注意气流组织、与周围物品之间的间距、除霜等问题。

2.4.3　库房卫生管理

此部分内容同第 1 章。

2.4.4　冷库节能与科学管理

此部分内容同第 1 章。

第3章 气调冷库

1. 基本内容

1）气调贮藏的原理、气体成分调节方法等内容。

2）气调冷库结构的特点、常用的气调设备等。

3）土建式气调库密封处理、装配式气调库密封处理。

4）气调方式选择、气调库运行管理、安全管理等。

2. 基本目标

通过本章的学习，具备气调冷库建筑施工、气调库体密封处理及检验、气调库运行管理、安全管理等系统的基本知识和操作技能，能从事气调式冷库的现场施工工作。

3. 基本要求

了解气调贮藏的原理、气体成分调节方法、常用的气调设备等内容，并能掌握土建式和装配式气调库库体的密封处理等方面知识。

4. 本章重点及难点

1）本章重点：气调贮藏的原理及气体成分调节方法、气调库的密封处理、气调库的运行管理等。

2）本章难点：土建式气调库密封处理、装配式气调库密封处理等。

3.1 气调原理与冷库建筑结构

3.1.1 气调贮藏原理

气体组成调节（Conditioning Air）简称气调（CA），是调整果蔬贮藏环境中气体成分的一种冷藏方法。它既有冷库的冷藏功能，又有冷库所没有的"调气"功能，是在传统冷库的基础上发展起来的一种综合贮藏方法。

在现代农业中果蔬一般要经过长途运输，通常都是在未完全成熟时采摘下来的。采摘后的果蔬仍然是活的生命体并进行着各种生理活动，但已不能从母体和光合作用中得到物质和能量的补充，只能消耗自身的营养物质，从而引起果蔬品质、重量、外形等的变化。造成这些变化的主要因素有果蔬的呼吸作用、蒸发作用和激素的作用等。

呼吸作用是指水果从外界环境中获取氧，在酶的参与下，将自身积累的碳水化合物等氧化分解为维持生命活动所需的物质和能量。呼吸作用是果蔬衰败的主要原因，分有氧呼吸和无氧呼吸两种情况。有氧呼吸必须有分子态氧参与，在外界氧气供应充足时以有氧呼吸为主；缺氧时便进行无氧呼吸，此时无需分子态氧参与，并产生乙醇、乙醛等有害物质。这两种呼吸产生的能量除部分用于自身新陈代谢外，绝大部分以热的形式（呼吸热）散发出去，使环境温度升高，反过来又促使呼吸作用进一步加强。

蒸发作用是指果蔬所含水分自然向外蒸发的现象，随着呼吸热和田间热（受光照和气温影响而产生的热量）的散发，不可避免地要带走一些水分。蒸发作用会造成水果产生失重失鲜，果肉发绵等品质变化。相对湿度越低，水果失水越严重，增大相对湿度有利于抑制蒸发作用。

激素作用主要是指乙烯对果蔬的不良作用。乙烯是一种水果催熟剂，促进果蔬的生理代谢，加快其后熟衰老。果蔬贮存时乙烯有两个来源：一是果蔬自身代谢产生的内源乙烯，是果蔬成熟的副产品；二是从果蔬外部而来被果蔬吸收的，称为外源乙烯。

此外，微生物和酶的作用也会引起水果质量的变化。

低温贮藏有利于果蔬的贮藏保鲜。但只进行低温贮藏还不能获得理想的保鲜效果，人们通过实践发现，若在果蔬贮藏中辅以气体成分的调节，适当降低空气中氧的含量和提高 CO_2 的含量，可以有效地抑制果蔬的呼吸强度，延缓成熟，效果更理想。

O_2 含量的降低可以有效地抑制果蔬的呼吸作用，从而间接地抑制了蒸发作用，对水果有保硬效果；同时能够抑制微生物的生长繁殖，从而控制某些生理病害的发生，减少果蔬的损耗。而增大 CO_2 含量不仅能抑制呼吸，而且能推迟呼吸跃变的启动和呼吸高峰的出现；CO_2 含量增加还能使内源乙烯合成延缓，抑制某些酶的活性。此外，适量的 CO_2 还能有效地延缓叶绿素的分解，对保持水果原有色泽和鲜嫩感都十分有利。

美国加利福尼亚的实验证明，在 $-0.6℃$ 温度下采用 5%（体积分数，下同）CO_2 和 $2.5\%O_2$ 的调节气体，巴特利特（Bartlett）梨可以延长 6~8 个星期的贮藏期，而且能保持鲜嫩的外观，不皱缩。此外，含低氧的 CO_2 气体可延长苹果的贮藏期，但应保持适宜的贮藏温度，以防止低温冻伤。樱桃的保鲜期极短，气调贮藏樱桃的实验证明，利用聚乙烯包装改变气体环境（O_2 7%~16%；CO_2 4%~10%）后，其贮藏期可延长至 2~2.5 个月。

需注意 O_2 和 CO_2 分压力的调节都是有限度的，当 O_2 含量低于某一特定值后，呼吸会从有氧呼吸变为无氧呼吸。无氧呼吸的空气氧体积分数一般为 1%~5%，但也因果蔬种类不同而有差异，如菠菜和荚用菜豆约为 10%，豌豆和胡萝卜约为 4%，芒果约为 9.2%，石刁柏约为 2.5%。而高于临界值的 CO_2 体积分数会造成 CO_2 伤害，见表 3-1。

表 3-1　不同 CO_2 体积分数对贮藏效果的影响（蒜薹）

CO_2 体积分数（%）	0~5	5~10	10~15
好苗占比（%）	90.9	60.5	—
次苗占比（%）	1	6.8	—
烂苗占比（%）	1.1	28.7	95.3
自然耗占比（%）	7	4	4.7

从表 3-1 可以看出，CO_2 体积分数超过了 10% 以后，蒜薹就出现了明显的 CO_2 损伤现象，表现为逐渐腐烂。可认为蒜薹在气调贮藏中，CO_2 长期超过 10% 则发生严重的 CO_2 中毒现象，不能贮藏。

另外，O_2 体积分数的降低和 CO_2 体积分数的增加，在上述作用的同时，也会抑制乙烯气体形成。乙烯对果蔬有催熟作用，当果蔬内部乙烯的体积分数达到 0.1×10^{-6} 时，其呼吸作用强度上升，一系列生化反应均相应增强，反过来产生了更多的乙烯。所以减少乙烯含量，是抑制果蔬成熟的关键。气调贮藏还可以根据不同果蔬对乙烯的敏感程度，把贮藏环境中的乙烯含量控制在一定限度内。

综上所述，在冷藏的基础上，进一步提高贮藏环境的相对湿度，并人为地造成某种特定的气体成分，使水果更长久地保持新鲜和优质的食用状态，这就是气调贮藏的原理。气调贮藏是目前为止最先进的食品果蔬冷藏方式，与传统冷库相比，气调库具有以下突出优点：

（1）贮藏时间长，效果好　气调贮藏的果蔬，其保鲜贮藏期要比传统冷库长 0.5~1 倍，而且其出库后有一个从休眠状态向正常状态过渡的时期，因此有一个较长时间的摆架期。气调冷库贮藏物的养分损失极少，出库时贮藏物的水分、糖分、维生素含量、酸度、硬度、色泽、重量等指标与入库时出入不大。气调库低温、低氧的环境可极大地抑制微生物的繁殖和病虫害的发生，使这方面的损失降到最低。

（2）应用范围广　一些在传统冷库中不能保鲜贮存的果蔬品种如猕猴桃、芒果、荔枝、葡萄等以及鲜花、苗木等，在气调库中均能获得良好的保鲜贮藏效果。给气调库配置除湿系统后，适宜干燥环境贮藏的种类如花粉、种球、种子、药材等也可以长期保鲜贮藏。

气调冷藏的缺点主要有：

1）若气体成分调节不当，易使果蔬产生缺氧呼吸或 CO_2 中毒。

2）不同果蔬对气体成分有不同的要求，故不同品种一般不能同库存放。

3）气调贮存不能适用于所有的果蔬，具有一定的局限性。

4）投资大，成本高，管理要求严格。

5）由于气调库 O_2 含量低，CO_2 含量较大，工作人员在进入气调库必须有一定防护措施，以免发生窒息。

3.1.2　气体成分调节方法

气调的关键是调节和控制贮藏环境内各种气体的含量，其中最常见的是降低 O_2 含量和调节 CO_2 含量。气体调节按照调节原理不同可以分为以下三种方法。

1. 自然降氧

自然降氧法是在密闭的贮藏环境中，依靠果蔬本身的呼吸作用逐渐消耗空气中的 O_2，使其达到要求的范围（一般为 5% 以内），然后加以调节并控制在一定范围以内。在贮藏初期由于果蔬呼吸强度较高，产生的 CO_2 较多，可在开始时放入消石灰来吸收或利用塑料薄膜和硅窗来排除过高的 CO_2，或直接使用 CO_2 脱除器除去。当 O_2 不足时，可补充新鲜空气。

这种方法工艺简单，并且不需要专门的气调设备，成本低，适用于库房气密性好、贮藏果蔬一次性整进整出的情况。其缺点是降氧速度慢，贮藏环境中的气体成分不能较快地达到一定的配比，影响气调效果。而且在贮藏前期由于呼吸强度高，贮藏环境的温度也高，如果不注意消毒防腐，则难以避免微生物的繁殖，从而对果蔬造成危害。

2. 人工调节

人工调节空气组成的方法通常有三种：一种是利用催化燃烧装置来降低贮藏环境中空气的含氧量，同时利用 CO_2 脱除装置降低 CO_2 含量；另一种方法是将制氮机（或氮气源）产生的氮气强制充入贮藏环境中，把含氧量高的空气排出，或在 CO_2 含量过高时置换 CO_2。上述两种快速降氧的方法已被普遍采用；还有一种方法是通过真空泵将贮藏环境中的一部分气体抽出，同时，将库外气体减压加湿后送入库内，由此来改变果蔬贮藏环境的气体成分，称为减压气调法，采用这种方法在贮藏期内的抽气和输气装置将连续运行。减压气调法并不改变气体的成分，而是通过降低气体的密度来实现低氧环境。在减少 O_2 的同时，果蔬在贮

藏中释放出的 CO_2、乙烯、乙醛等会随之移到库外，从而延缓了果蔬衰老，减轻了果蔬生理病害。

减压气调法虽有其独特的优点，但库体要承受较大的压力，对密封性和结构强度要求都很高，因此建造费用大。据有关资料介绍，用减压法贮存苹果，其费用比气调贮存要高 30%～50%。但由于它的贮藏效果优异，仍然很吸引人们的注意力，对它的研究也在不断深入。

3. 半自然降氧

半自然降氧是一种自然降氧和人工降氧相结合的方法。实践证明，采用人工方法把 O_2 的体积分数从 21%降到 10%较容易，而从 10%降到 5%所消耗的成本则大约是前者的两倍。因此，可在开始的时候采用人工方法快速把 O_2 的体积分数降到 10%左右，再依靠果蔬的自身呼吸，使 O_2 的含量进一步下降，直到降至规定的气体组成范围后，再根据气体成分进行调节控制。

这种方法开始时氧气下降快，防止草莓之类易腐产品的腐烂，比自然降氧法优越。而在中后期又靠果蔬的固有呼吸自然降氧，所以成本较低。

关于气体调节的方法的详细内容，将在 3.3 节具体讲述。

3.1.3　气调冷库建筑形式与特点

气调冷库按其库体的建筑方式不同可以分为三种：夹套式、装配式和土建式。

夹套式气调库多由普通高温库或土、石窑洞冷库改造而成，即在库内用刚性或柔性气密材料围成一个密闭的贮藏空间，接通气调管路，利用原有制冷设备降温。新建库通常采用装配式或土建式。

装配式气调库的围护结构多由聚氨酯夹芯彩钢板组装而成，这种钢板具有隔热、防潮和气密三重功效。装配库施工周期短，美观大方，欧洲 95%以上的果蔬冷库均为装配式气调库，也是我国最常用的类型。但其造价高，热惰性较小，为了减少因环境温度波动而造成的内外压差，要求围护结构热阻值大于同样温度的冷库，即隔热层要厚一些。

土建式气调库采用传统的建筑、隔热材料砌筑而成，在库体内表面或外表面增加一层气密层，气密层直接铺设在围护结构上。土建库造价较低，库体热惰性大，库温易于稳定。缺点是施工周期长，施工难度大，气密处理较为困难。目前，我国的土建式气调库主要分布在北方地区，尤其是新疆、山东两地。

气调库是在传统的果蔬冷库的基础上逐步发展起来的，一方面与果蔬冷库有许多相同之处，另一方面与果蔬冷库又有很大的区别，有其自己的特点。

1. 气密性

这是气调库建筑结构区别于普通果蔬冷库的一个最重要的特点。普通冷库对气密性没有要求，而气密性对于气调库来说至关重要。要想在气调库内形成气调工况，并在果蔬贮藏中长时间地维持所要求的气体介质成分，减少或避免库内外气体的交换，气调库必须有较严格的气密性，这一点被气调库的理论研究及实践经验所证实。

2. 安全性

在气调库建筑结构设计中还必须考虑气调库的安全性。由于气调冷库是一种密闭式冷库，当库内温度降低时，其气体压力也随之降低，库内外两侧就形成了压差。据资料介绍，当库内外温度相差1℃时，大气将对围护结构产生40Pa的压力；压差随温差增加而加大。此外，在气调设备运行以及气调库气密实验过程中，都会在围护结构的两侧形成压差。若不把压差及时消除或控制在一定的范围内，将对围护结构产生危害。

3. 单层设计

气调库一般均为单层地面建筑。这是因为果蔬在库内运输、堆码和贮藏时，地面要承受很大的动、静载荷，如采用多层建筑，一方面气密处理十分复杂，另一方面在气调库使用运行中易破坏气密层。所以，气调库一般都采用单层建筑。

4. 容积利用系数高

这是气调库建筑设计和运行管理上的一大特点。容积利用系数是指气调库内果蔬贮藏时实际占用的容积（含包装）与气调库的公称容积之比。气调库的容积利用系数高，是指装入果蔬具有较大的装货密度，除留出必要的通风、检查通道外，应尽量减少气调库内的自由空间。这样，气调库内的自由空间越小，库内气体介质的量也越小，一方面气调设备可以适当选小，另一方面可以加快气调速度，缩短气调的时间，使果蔬尽早进入气调贮藏状态，故气调库的容积利用系数相比普通果蔬冷库要高得多。

5. 速进整出

这是气调库运行管理上的又一特点。在果蔬采集整理后，若延长入库时间，就会影响到贮藏效果。气调贮藏要求果蔬入库速度快，尽快装满、封库和调气，让果蔬在尽可能短的时间内进入气调贮藏状态。不能像普通果蔬冷库那样随便进出货，这样不仅破坏了气调贮藏状态，而且加快了气调门的磨损，影响气密性。而果蔬出库时，最好一次出完或在短期内分批出完。

3.2 冷库建筑施工

3.2.1 方案设计

当计划兴建一个气调库时，首先确定其库容量是至关重要的。除了根据货源、市场需要、投资效益和今后发展确定库容量外，还必须考虑到果蔬生产的特点和气调贮藏的要求。果蔬生产的季节性强，收获期集中。气调贮藏对果蔬质量的要求高，入库速度要求快。如果总贮藏量确定得过小，就会影响经营的规模和效益，而且使气调设备的利用率低；但若总贮藏量确定过大，也会带来一些问题，如建成以后库房的利用率低、总投资增加等。根据经验一般将总贮藏量控制在500~3000t的范围内。

总贮藏量确定后，下一步就是在总贮藏量和实际情况的基础上，确定气调间的大小和间数。一个气调库为满足不同品种和不同产地果蔬的贮藏要求，至少应划分为2~3间，但不宜超过10间。气调间的大小也要适中，过小虽对提高进货速度有利，但会使库房的利用率降低，而且不利于机械化堆装；容量过大，则使果蔬进货时间拉长而影响贮藏效果。

在确定气调间的容量时，可以从以下方面考虑：入库期间果蔬的日进货量、库内的堆装、运输方式和库房建筑材料规格等。根据国内外常规做法，一般单间气调库的容量定在100~300t。对特种果蔬，如荔枝、龙眼、冬枣、核桃等，宜布置几间20~30t小型气调间，便于果蔬随时批进批出。

当容量确定后，气调库的平面布置是气调库设计的重点，应对各个组成部分进行合理的组合安排，使之既能满足工艺生产和运行管理的要求，又符合气调库隔热、气密的建筑要求以及制冷、气调、供排水、配电、控制等专业要求。

对于冷库库址的选择，宜选在产品当地，也可建筑在城镇食品配送中心或较大的果蔬批发市场的贮藏区。应避开有污染源的地方，保证良好的卫生条件，若条件允许，应选在地势较高和地质条件良好的地方。

气调库的设计中应注意以下方面：

1）应符合有关文件确定的气调库的设计规模（公称容积或吨位）。

2）库区应将洁净、污染等生产工艺流程分区，并应按夏季最大频率风向由上风侧至下风侧的要求布置。

3）库房布置应满足生产工艺流程要求，运输线路要短，避免迂回和交叉，同时尽量减小制冷、气调、水电等管道距离。

4）气调间柱网尺寸和净高应根据建筑模数和货物包装规格、堆码方式以及堆码高度等因素确定。根据气调库的特性，应尽量提高气调库的高度，以减少占地面积。

5）库房的设计应尽量减少其围护结构的外表面积。

气调库与普通高温库最大的区别在于增加了气密层，这也是施工安装气调库的技术关键和难点。气调库施工的成功与否及质量的高低就在于其气密层是否能达到一定的气密性标准，因为这将会影响到今后气调贮藏的质量和贮藏成本，也关系到果蔬气调库的推广应用。

气调库本质是冷库，有关冷库施工本章就不再多叙，本节主要介绍如何在安装气调库的过程中处理好气密层，以保证其气密性达到一定的要求。

3.2.2　土建库密封处理

（1）围护结构和地坪的处理　土建式冷库通常所用的冷库隔热结构，只起到隔热防潮作用，达不到气调库的密闭要求。因此，需要在原来的基础上再采取密封措施。通常的措施有下列几种：

1）对于在建冷库，通常采用气密层施工和隔热层的施工相结合，冷库的隔热墙体和顶板全部用聚氨酯泡沫塑料现场整体喷涂。通常将喷涂材料在施工现场调配，用机械方法将其在库房内表面均匀喷涂，在前一层喷涂材料硬化并干燥后进行下一层喷涂。每层厚度控制在12mm 左右，总体厚度为50mm。在墙角、梁、缝隙等施工不方便的地方，应适当多喷涂几层，并在干燥后在表面涂上密封胶。采用这种方法施工，喷涂的聚氨酯泡沫既可作为隔热防潮层，又起到对气体的密封作用，具有理想的效果。

2）对于已按传统方法施工的冷库，可在其墙体、顶板内部铺设气密层材料，钢板、铝合金板、塑料板、塑料薄膜、铝箔沥青纤维板、玻璃钢等都可做气密层材料，比如可用0.1mm 厚的波纹形铝箔，用沥青玛蹄脂（层厚 5mm）将其铺贴在围护结构内表面，作为库房的密闭层。或者将 0.8~1.2mm 厚的镀锌钢板固定在库内表面，钢板连接处用气焊连接，形成一个整体的钢板密闭层。

在对围护结构进行气密处理前，需要先进行表面预处理，只有这样才能保证气密层与围护表面密实地贴在一起，达到气密性的标准。预处理工作主要包括清除表面的凹坑、裂缝等不平整的地方，用水泥灰浆将所有的缝隙凹坑等填平抹光。对于墙角及墙与地坪、屋顶连接的角要做成圆弧过渡，并用灰浆抹光。完成后需要清理墙体表面的污物、灰尘等，整个表面干燥后才能进行气密层的施工。

对于地坪，为了保证质量，除去在地坪隔热层上下设置防潮隔热层外，还要单独设置气密层。通常的做法是连续铺设 0.1～0.2mm 厚的 PVC 或 PU 塑料薄膜。铺设时，要求薄膜完好无损，铺设平整，搭接宽度不少于 100mm，接缝处用塑料胶带粘接严密。也有的冷库采用一种内设增强材料的改性橡胶沥青复合材料，具备气密和防潮的双重功能。或者采用 100mm 厚硬质聚氨酯隔热库板，分层施工，每层 50mm，错缝搭接。在墙体与地坪的交接处，应将地坪的气密层沿墙板向上延伸一定的高度，与墙体的气密层搭接好。

（2）进出管线的处理　要保证气密层的气密性，必须对气调库的进出管线进行很好的处理。对于土建冷库，通常是将进出管线用预先做好的管路连接件埋入围护结构内，连接件由金属板及焊接在金属板上的多个管接头组成。土建完成后，连接各个管路时，把需要连接的管子焊接到管接头上即可。电缆线可穿过管接头，利用填料将管接头两端进行密封。在库房进行气密层施工时，把气密材料直接敷设在连接件库体内侧的金属板上，即可保证库房内的气密性。

（3）墙体与地坪接缝处密封处理　墙体与地坪接缝处密封处理较为复杂，通常的做法为：

1）基础设计与制作时，在库体内侧设一道沿周边凸出 100mm 的凸缘，以供支承地板，如图 3-1 所示。

2）制作地坪与外墙隔热层。

3）如无内墙，则在地坪隔热层与墙体隔热层之间预留 50mm 宽的间隙，用聚氨酯现场喷涂发泡填充间隙。

4）如有内墙，则在制作墙体隔热层之前，于地坪和外墙的接缝处，用聚氨酯现场喷涂发泡。

图 3-1　地坪与墙体的密封处理

3.2.3　装配库密封处理

装配式气调库造价比土建气调库要高，但其施工周期短，资金周转快，效益高，因此目前被广泛采用。装配式冷库用预制复合隔热板拼装而成，预制板通常由两面 0.12～0.5mm 厚镀锌涂塑钢板以及中间的聚氨酯泡沫构成。预制板本身的气密性就非常好，拼装成冷库时，主要是对墙板与地板交接处、墙板与顶板交接处、板与板之间的拼缝进行密封处理。装配式库体需进行密封处理的部位相对较多，但处理较容易，处理后的效果较土建库体好。

1. 墙板、顶板与地坪施工

用于装配式气调库的夹芯板应尽可能采用单块面积大的隔热板，尤其是顶板，以减少接缝。隔热板安装程序如下：测量定位放线→隔热板安装→包角附件安装→打胶、气密层施工→板面清理。

在进场施工前，应首先清理现场地面卫生，安装墙板时，一般从库体角部开始，为了保证垂直度，应用磁力线坠将其找正、放直。用蘑菇头螺栓将板固定在墙梁上，墙板下端应用拉铆钉与地角固定牢固。安装每一块墙板时，公、母槽结合面上均匀打一道泡沫填缝剂，打料应均匀连续。墙板安装到位后，墙板内外钢板与地槽搭接处拉铆钉连接固定。

当气调库内外产生压差时，夹芯板隔热层要承受一定的压力，而接缝处是受力的薄弱环节，所以夹芯板的接缝处是保证气调库气密性和安全的关键。板缝的处理根据预制板的结构形式各不相同，但其原则都是要达到密封效果，应尽量采用现场压注发泡的方式。搭完的库体表面接缝处如果有断缝，要再打一次密封胶，所使用的密封胶必须气密性好。

顶板安装宜与墙板安装交替进行，顶板上应尽量减少在板上穿孔吊装、固定。顶板安装时，与墙板搭接处的端头钢皮应断开50mm，以防止冷桥跑冷；顶板之间结合面上均匀打一道泡沫填缝剂，打料应均匀连续。顶板与顶板端头的对接缝要进行处理，以防止漏气、跑冷。顶板安装完成后，对接缝要打满发泡料，用拉铆钉的方法将宽度100mm彩钢板封盖在对接缝处。顶板全部安装完成后，安装外包角时，应将缺口处打上发泡料，保证库体的密封性能。

在墙板和顶板全部施工完毕后，最后一遍的密封处理是采用气密胶配合无纺布来进行板缝的气密施工，无纺布的宽度根据板缝来定，一层胶、一层无纺布，采用三层胶加两层无纺布的组合，使气密层与气调库的板缝紧密粘合。气密层这道工序做得好与坏，直接关系到库体能否保压成功。尤其在气调门的位置，要用气密胶和无纺布把塑料薄膜牢牢粘到预埋的门槛上。不仅是地面与立板的结合，库房内侧的所有接缝表面都要使用密封胶和无纺布，并且保证无纺布的铺设保持平整，使库体的墙和顶连成一个没有间断的气密隔热整体。

装配式气调库的地坪为土建结构，绝热、防潮及气密层的施工与土建库相同。

2. 墙板与地坪交接处的密封

在地坪隔热层四周与墙板之间留出50mm宽的槽，先用铝箔胶带将墙板与结构地坪接缝处贴严，再用封箱胶带在铝箔胶带上粘一层，然后用聚氨酯在槽中灌注发泡，最后在室内地坪与墙板之间所有缝隙处用密封硅橡胶填充，如图3-2所示。

3. 墙板与顶板交接处的密封

在顶板与墙板凸缘间留50mm宽的空隙，待墙板和顶板全部就位以后，先在内侧用拉铆钉将翼宽100mm的涂塑钢板角条与库板紧固，固定后在边缘处用密封硅橡胶填充饱满进行封边；然后在空隙中用聚氨酯喷涂发泡，最后在外侧用拉铆钉将翼宽150mm的涂塑钢板角条与库板紧固，固定后也用密封硅橡胶填充封边；制作完成后如图3-3所示。

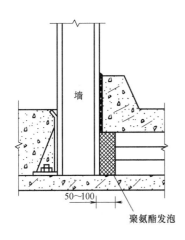

图3-2　地坪与墙板间的密封处理

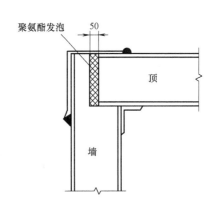

图3-3　墙板与顶板间的密封处理

4. 穿板管线处理

顶库板或墙板需要开洞打孔时，首先应根据图样设计要求进行内外放线定位，复核无误后开洞打孔，应尽可能减少在夹芯板上穿孔、吊装、固定，可考虑在板接缝处操作，以减少漏气的机会，避免降低夹芯板的性能。

打孔时对于进线孔、进液孔、回气孔、上水孔、排水孔应使用开孔器开孔。所有穿过夹芯板的管线均应是弹性结构，以避免气调库在运行过程中管道、吊杆等振动，夹芯板的变形给予库体及气密层造成伤害。管路及电气安装完成后，库板上所有管路穿孔，必须用发泡料或密封胶将洞孔添堵严实，以防止漏气跑冷。

3.2.4　其他气调设备与安装

为了保证气调库的气密性和安全性，并为气调库运行管理提供必要的方便条件，气调库建筑还有一些特有的设施。

1. 气调门

每个气调间都要设置一扇气调门。气调库门必须是气密的，一般的冷库隔热门达不到气密要求。对气调库门进行密封处理的方法一般有两种，一种方法是在冷库隔热门里再设置一道活动的气密门，这种门可用金属和木材制作，可以是隔热的，也可以是不隔热的。气密门的底座与地板交接处应用合成密封胶密封，也可用一根角钢铆接在地板上，以保持门底部良好的气密性。更常用的方法是冷库隔热门与气密门合为一体使用，可分为转开门和滑移门两种。早期气密门多为转开式，目前则多为滑移门，其吊轨有一定的坡度，门扇到了关闭位置会自动下降，依靠橡胶条与地面保持密封。

气调门的气密性技术指标为：门关闭后，在库内密闭的情况下，库内压力为 245Pa（25mmH$_2$O），30min 后库内压降小于 98Pa（10mm H$_2$O）。

为了保证气调库的气密性，防止铲车在进出库时碰撞门扇、门框以及门口处的冷风机钢支架，应在门洞内外设置防撞杠。图 3-4 为某公司 GTD2025 型号气调门示意图，其安装步骤如下：

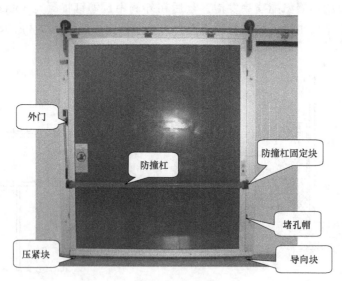

图 3-4　气调门

1）检查库墙、开门洞。检查气调门区域内的墙板，墙板垂直度、平面度应≤3mm，门洞的水平度及垂直度应≤5mm。根据气调门结构，气调门处墙板外侧应保证有 300mm 的开启空间。

2）门框组装。气调门组装时应分清左开门门框还是右开门门框。门框组装地面要铺保护垫，将门框部件放在上面，将有保护层的一面朝下。将角型固定块放在上门框两端中间的凹槽中，将矩形固定块放在左门框与上门框最靠外面的凹槽里。用螺钉固定牢固并确保门框45°接缝紧密结合，并保证门框的几何尺寸。待上门框及左右门框组合件在墙板上固定牢固后，再通过上门框将侧门框固定。

3）门框固定。复检门洞尺寸是否符合设计要求，用砖块或木块将墙板左右门框处垫至水平线，将组合门框放置门洞处。调整门框位置，使其与门洞中心线对齐。

用水平尺检查立框是否垂直，如果不垂直，用小铝片调整。

用水准仪或水平管检测上门框水平度，如果不水平，用小铝片调整。

检查完毕后将门框安装在库墙上。将组合门框旋紧在墙板上。

待组合门框固定完成后，固定侧门框与组合门框接缝处应严密可靠。用水准仪或水平管检测侧门框，保证侧门框水平。

4）滑轨及托架安装。门框应作为一个整体进行检测，确保水平，如有需要进行调整。将开门限位器安装在右滑轨，然后将托架安装在上门框和侧门框上，将滑轨安装在导轨支架上，滑轨两端用螺塞密封。先不要旋紧螺钉，滑轨很可能需要调整。将关门限位器装置安装在左门框上。

5）塑料边框安装。

6）开门挡块安装。

7）门扇安装。将门扇举起使滚轮装入滑轨。调整滑轨以确保门在一条直线上滑动，然后拧紧导轨上的固定螺钉，将门扇滑到关闭，直到轴承滑进滑轨的凹槽中。

通过门扇上的滚轮吊件固定螺钉对门扇进行高度调整。将门滑动打开并调整，以确保橡胶垫圈和地面之间的距离为 4～5mm。关上库门以确保门扇下端橡胶密封条和地板之间密封，然后将螺钉拧紧。通过滚轮轴承环及限位块对门扇进行水平调节。水平调整时，将门扇滑出滑轨凹槽，门扇橡胶密封条和门框之间的间隙为 2～3mm。将门扇滑到关门位置，保证门扇橡胶密封条和门框之间接触紧密无透光现象。

8）压紧块、导向块、门下密封角及防撞杠的安装。

9）外门把安装。

10）门框内包角安装。门框内包角为彩钢折角，用拉铆钉与墙板固定。彩钢包角与塑料边框及墙板之间用密封胶密封，要求密封严密均匀。

2. 观察窗

在气调库封门后的长期贮藏过程中，一般不允许随便开启气调门，以免引起库内外气体交换，造成库内气体成分波动。观察窗有助于管理人员清楚地了解库内果蔬贮藏情况以及冷风机、加湿器等运行情况。当人员进入正在使用中的气调库房进行检修或其他操作时，观察窗又可用来进行安全监护。

我国通常将观察窗设置在技术走廊的气调库外墙上，或者在气调库门上设置观察窗，欧洲有些气调库的观察窗设置在顶棚上。一般来说，观察窗的视距可达 9m，每个气调间都应设置一个观察窗，并注意不能被设备和堆码货物挡住视线，较大的气调库房可安装多个观察窗。

观察窗一般为 500mm×500mm 的双层玻璃真空透明窗；圆形观察窗一般做成拱形，以便扩大观察视线，边缘应设有防止结霜的电加热丝。图 3-5 所示为圆形泡状观察窗的结构，这种观察窗适用于装配式气调库。

观察窗安装前，首先应按设计图样观察窗的安装位置、尺寸开洞。开洞尺寸与观察窗尺寸偏差应控制在5mm以内，安装时先从库内进行窗框安装，内角用拉铆钉固定完毕后由库外安装窗体，窗体就位后应处理窗框与库板、窗体与库板、窗体与窗框之间的缝隙，用硅胶均匀密封。

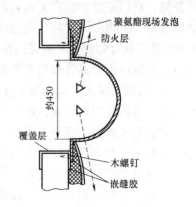

图 3-5 圆形泡状观察窗的结构

3. 安全阀

由于气调库是一种密闭式冷库，当库内温度发生变化时，库内空气压力随之改变。温度每升高或降低1℃，库内压力改变约40Pa。这样的压差极易破坏库体密封，也会破坏库体建筑结构。为保证气调库安全性和气密性，并为气调库运行管理提供必要的方便条件，气调库应设置压力平衡系统。安全阀是在气调库密闭后，保证库内外压力平衡的特有安全设施，它可以防止库内产生过大的正压和负压，使围护结构及其气密层免遭破坏。

安全阀有水封安全阀和干式安全阀，此外还有直通止回阀、弯式止回阀等。水封安全阀（图3-6）是一种结构简单、工作可靠、标有刻度的存水弯，当气调间内的气体压力发生变化，压差大于水封柱高时，阀内的水便会被压入或压出库房，实现库内外气体的窜流，直到压差值等于或小于水封柱高时为止。安全阀的水封柱高应严格控制，不能过高或过低。过高易造成围护结构及气密层的破坏；过低会导致安全阀起动过多，从而使库外空气大量进入，改变库内气体成分。在气调库中，一般水封柱高调节在245Pa是较为合适的。

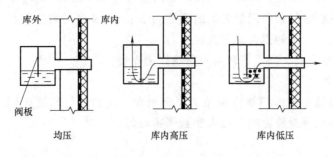

图 3-6 水封安全阀

干式安全阀利用吸气阀板和排气阀板的自重来控制库房的压力，其阀板质量是严格按照库体所承受的压力来计算设计的。当库内压力为正压时，产生的作用力克服了安全阀排气阀板的重量，排气阀板打开，库内的气体通过安全阀排放到库外，当库内压力产生的作用力低于阀板的重量时，阀板关闭。当库内压力为负压时，库外大气压产生的作用力克服了安全阀吸气阀板的重量，吸气阀板打开，库外的气体通过安全阀进入库内，平衡库内压力，反之阀板关闭，从而保护库体结构不受损坏。

4. 气压平衡袋

气调库在运行期间，如需除霜、冷风机开启或停机、环境大气压发生变化时，会出现轻微的库内外压力失衡现象。气压平衡袋（或称为贮气袋、平衡气囊等）的作用就是用来消除或缓解这种轻微的压力失衡。当库内压力稍大于外界压力时，库内部分气体进入平衡袋，反之平衡袋内的气体自动补入气调间；平衡袋内部容积的变化消除了压力失衡。

气压平衡袋的结构如图3-7所示，材料要求气密性好，而且有一定的抗拉强度。如库内外压力均接近当地大气压，一般用厚度为0.1mm的聚乙烯薄膜制成，其形状为一椭圆柱体。根据有关资料，其容积可按气调间公称容积的1%~2%来确定，如库容较大，可将多个平衡袋并联使用。

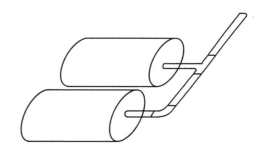

图3-7　气压平衡袋的结构

如气调库的结构为装配式，平衡袋安装在顶隔热板上。如为土建库，则吊装在靠近库房的过道或月台上方。平衡袋上部要求吊装，下部自由悬垂，下部留有一个管口，用管道与库内相连通。一般将平衡袋的进出气口设置在冷风机出口之前，使回到库房的气体能够事先被冷却，以免库内温度升高。

3.2.5　气调库房的气密性指标及压力测试

在建筑施工和气密、隔热施工结束后，在制冷设备、气调设备以及各种管道安装完成以后，即可关闭库门，进行气调库的气密试验。气密性的检测包括试验压力和降压时间两项主要指标。目前我国的相关设计规范为：空库检压开始压力为196Pa（20mmH$_2$O），检验降压时间20min，检验结束压力大于或等于78Pa（8mmH$_2$O）为合格。

气密试验目前得到广泛应用的是压力测试法。其测试方法为：①将库门打开，库内外空气应充分交换；②堵塞所有与库外相通的孔洞，并应用密封胶密封；③关闭气密门使其密封良好，留一个进风口与通风机出口相连，把一只标准温度计事先放入库内（放在观察窗或气调门上的小门处，以便于观察），另一只放在库外，将测压计装在安全阀上的取样口，并给安全阀及所有的水封装置注入清水，水封柱高应稍大于试验压力；④起动通风机向库内充气，直到库内压力稍高于试验压力（2~3mmH$_2$O）时，关闭通风机和充气管上的阀门；⑤观察库内压力的变化并开始计时，每隔半分钟记录一次，直到库内外压力平衡，每个气调间要测试几次，并比较每次结果是否一致；⑥最后排出库房内残余气体，将库房内压力恢复到试验前的状态。

若试验结果达不到气密标准，说明气调库的气密程度达不到要求，应查找气密库泄漏的地方并进行修复，然后再次进行气密试验。一般来说，气调库的气密试验应进行2~3次，以确认其气密性符合要求。

工程实践证明，气调库房的密封性主要与密封处理时的施工技术和施工要求有关，而与库房造价、结构形式的关联程度较低。因此，为降低运行费用，对密封性指标要求可以高一些，这样做时工程造价并没有显著上升。

总之，要建好一个气调库必须重视气密层的施工。尽管气调库施工技术要求较高，但只要有严格的施工工艺，有专门的技术人员负责现场指导及较高素质的施工队伍，建好一个气调库并不难。气调库良好的果蔬保鲜效果，越来越受到人们的重视，随着人民生活水平的提高，气调库技术发展将更快、应用更广。

3.3 气调技术途径及设备

一座气调库的设备包括制冷系统、气调系统和其他辅助设备等，本节对制冷系统不再描述，主要讲述气体调节的方法和设备。

以实现所需要的气体成分的技术手段来划分，气体调节可分为自发气调贮藏（或称自然调节）与人工气调贮藏（或称机械调节）两种。

前者又称简易气调或限气贮藏，是指在相对密封的环境中（如塑料薄膜内），依靠贮藏产品自身的呼吸作用，自发调节贮藏环境中的 O_2 和 CO_2 含量的一种气调方法。目前广泛应用的薄膜种类低密度聚乙烯（LDPE）、高密度聚乙烯（HDPE）、聚乙烯醇（PVA）、聚氯乙烯（PVC）、聚丙烯（PP）等，其主要形式有薄膜单果包装贮藏、薄膜袋封闭贮藏、塑料大帐密封贮藏、硅橡胶窗气调贮藏等。其中硅橡胶窗气调贮藏是指用硅橡胶窗作为气体交换窗，镶在塑料帐或塑料袋上，起到自动调节气体成分的作用。

塑料薄膜密闭气调法使用方便，成本较低，可设置在普通冷库内或常温贮藏库内，还可以在运输中使用，是气调贮藏中的一种简便形式。但是达到设定 O_2 和 CO_2 含量所需水平的时间较长，而且难以维持要求的含量，影响果蔬气调贮藏的效果。

人工气调贮藏是在贮藏的全过程中均采用人工即机械的方式，来降低氧含量并改变空气成分。在整个贮藏过程中，用仪器分析 O_2 和 CO_2 含量，随时进行调节，并对乙烯进行脱除。机械调节的方法降氧速度快，能迅速达到所需气体的组成配比要求，而且具有精度高、调节效果好、果蔬贮存品质好、贮存期长等优点，虽然相比自然调节法成本高、操作工艺相对复杂，但仍然得到了广泛的应用。

3.3.1 氧气调节系统

采用机械的方法降低冷库内的 O_2，其技术路线大体上经历了燃烧降氧、碳分子筛吸附降氧、中空纤维膜分离降氧（制氮），以及真空低压吸附脱氧制氮（即 VSA）的发展过程，目前普遍采用的有分子筛吸附降氧、中空纤维膜分离制氮以及真空低压吸附脱氧制氮。

1. 燃烧式降氧

燃烧式降氧的工作原理是使库内气体与燃料的混合气体通过高温催化剂无焰燃烧，来除去空气中的 O_2，达到降氧的目的。系统一般由降氧筒、吸附器、冷却器及控制系统组成，其流程如图 3-8 所示，燃料一般为液化石油气。液化石油气燃烧后会产生过多的 CO_2，必须经过吸附器除去。

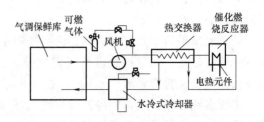

图 3-8 催化燃烧降氧工艺流程

2. 吸附降氧

（1）碳分子筛制氮 碳分子筛是一种以煤为主要原料经过特殊加工而成的黑色表面充满微孔的颗粒，是一种半永久性吸附剂（可再生使用）。碳分子筛制氮是利用碳分子的吸附、脱附过程不断产生低氧高氮的气体输送入冷库内，来达到降氧的目的。由于氧分子与氮分子的动力学直径不同，这两种气体在碳分子筛表面上具有不同的扩散速率，直径较小的 O_2 分子的扩散速率是直径较大的 N_2 分子扩散速率的数百倍。其系统一般设置两个吸附塔，如图 3-9 所示，一塔吸附产氮，另一塔脱附再生，由程序控制器按特定的时间程序在两个塔之间进行快速切换，结合加压氧吸附、减压氧解吸的过程，将氧从空气中分离出来。

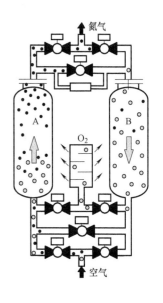

碳分子筛制氮机具有制氮纯度高、设备简单、价格低的特点，但设备中阀门多，切换频繁，每年每只阀门需开关 20 万~40 万次，设备噪声大。因此要求保证阀门的质量，否则影响设备的可靠性。

设备选型时，所需制氮机的产气量可按下式计算，即

$$V_n = V_q(21\% - \phi_1 + \phi_2)/t$$

式中，V_n 是所需制氮机的产气量（m^3）；V_q 是气调库中实际气体体积（m^3）；21% 是初始空气的 O_2 的体积分数；ϕ_1 是终了空气的 O_2 的体积分数，一般取 5%；ϕ_2 是产品气的 O_2 的体积分数，取 5%；t 是开机时间，常取 24h。

图 3-9　双塔制氮机系统

（2）中空纤维膜分离降氧　膜分离技术是利用 O_2 与 N_2 透过中空纤维膜壁的速度差异特点，将 O_2 从空气中分离出来。常见的中空纤维膜制氮机由配套的空压机、储气罐、冷干机、过滤器、加热器、中空纤维膜及管、阀等组成，其核心部件是中空纤维膜组。中空纤维膜实际上是具有相同内外径的微孔管，其结构与列管式热交换器相似。上万根乃至数十万根直径在 $50 \sim 500 \mu m$ 的中空纤维并列成束，捆在一起用来提供所需的表面积。纤维束相互独立，在膜组两端用环氧树脂进行密封，形成膜滤芯，放入一外壳内。其机构和原理如图 3-10 所示。

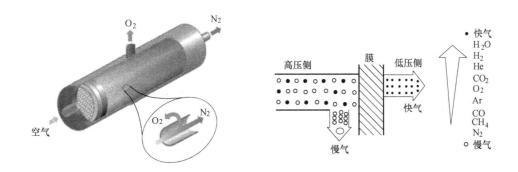

图 3-10　中空纤维膜制氮机的结构与原理

空压机将库内气体升压送入高效过滤器去除水、油、杂质等，再由电加热器加热送入膜分离器内。当压缩空气通过空心纤维时，不同的气体成分具有不同的吸附、扩散、渗透速率，O_2、水蒸气很快从管内透过管壁，富集在管之间的间隙和管与钢壳的间隙内，从中间的出口排出。而大部分 N_2 由于透过膜的速率慢，而留在膜内，穿过中空纤维管从另一端富氮口输出。出来的富氮气体经冷却器冷却，再由恒温阀减压，返回气调库。N_2 的纯度可利

用纯度控制阀调节。纯度越高，流量越小。

中空纤维膜制氮机具有结构简单、容易操作、制氮速度快、无易损运动部件、体积小、重量轻、噪声低等一系列优点，是目前气调贮藏使用最广泛的设备。一座气调库对制氮机的选型首先要考虑满足库中最大的气调间的降氧要求，即在果品进库后，24~48h 的时间内达到气调参数的要求，同时也要兼顾全库的间数和总容量。

目前，制氮机向气调间充氮一般采取开式置换（稀释）方式，将 95%~97% 纯度的氮气从气调间的上部进气口打入。被置换的气体从与进气口成对角线布置的排气口排到大气中，整个过程是一个不断稀释的动态过程，库内的氧含量呈自然对数级下降，直至降至规定的指标。

（3）真空吸附脱氧制氮　真空脱氧制氮的原理与分子筛制氮类似，也是采用活性炭吸附再生的原理来吸附大气中的 O_2 并向库内注入高纯度氮气。系统由两个装满活性炭的罐体、泵组、阀件、管路及控制单元组成。所不同的是利用低压（0.8bar）运行脱附和闭式循环，本身不配大空压机，节省电能。但是要求真空泵要有很高的技术水平，对整个机器系统，包括阀门等部件的密封性要求也很高。设备比中空纤维膜制氮机要大，价格也较高。

由于循环的气体脱去了部分 O_2，抽出的库气比排入的体积要大一些，容易使气调库形成负压，因此对库房气密性要求较严；气调库的围护结构两侧的压差应控制在气密标准所要求的范围之内。

3.3.2　CO_2 脱除系统

适量的 CO_2 对果蔬起保护作用，但 CO_2 含量过高，则会对果蔬造成伤害。水果在气调过程中，一般要求 CO_2 的体积分数控制在 1%~5% 的范围内。因此需要脱除（洗涤）过量的 CO_2，调节和控制 CO_2 的含量。CO_2 脱除装置大体上有四种形式：消石灰脱除装置、水清除装置、活性炭清除装置和硅橡胶膜清除装置。在一些小型库或试验装置中，采用新鲜消石灰吸附的方法脱除 CO_2。而活性炭清除装置是利用活性炭较强的吸附力来对 CO_2 进行吸附，是当前气调库脱除 CO_2 普遍采用的装置。

1. 消石灰吸附

新鲜消石灰可以吸附来自气调库中的 CO_2，在目前使用的气调库房中，有完全使用消石灰进行吸附 CO_2 的，也有用消石灰作为其他 CO_2 调节方法（塑料薄膜、硅窗等）的辅助手段使用的。不管采取哪种方法，需要注意的是这些脱除剂是不能再生的。

只有新鲜的石灰才能有效地脱除空气中的 CO_2，每千克新鲜石灰可吸收 0.35kg 的 CO_2。新鲜石灰一般都用密闭的塑料袋包装，如密封不好，会造成石灰过早开始吸收外界空气中的 CO_2 或水分。在使用时，需用带有若干钉子的板在包装石灰的袋子侧面和两端扎洞，然后把石灰袋放入库内。石灰在吸附 CO_2 时，会放出部分热量，因此放置时应远离温度测控仪的感温元件，以免影响库温的测控。

2. CO_2 脱除机

现在国内外生产的 CO_2 脱除机，均采用活性炭作为吸附剂。

活性炭用木质果壳或煤为原料，经干馏炭化、活化等工艺，呈现松散的多孔状结构，具有巨大的表面积；在有 CO_2 气体通过时，由于 CO_2 分子和吸附剂表面分子之间的吸引力把 CO_2 气体分子吸附在吸附剂表面。吸附剂表面积越大，单位质量所能吸附的物质越多。吸附一定量的气体后会达到饱和，失去吸附作用，此时必须对吸附剂进行解吸，也称再生。活性炭吸附 CO_2 时，可用新鲜空气进行再生。

CO_2 脱除装置分间断式（单罐机）和连续式（双罐机）两种，常用的为连续式吸附器，由两个吸附罐、空气循环的风机、吸入新鲜空气的风机及导管、阀门等组成。吸附罐是一个密封的圆筒形容器，罐上下装有滤网，罐内装满吸附剂（活性炭等）。两个吸附罐通过柔性导管和转换阀门连接，阀门由电器控制。工作时从气调库来的空气被抽到吸附装置中，经活性炭吸附后，再将低浓度的气体送回库房，达到脱除 CO_2 的目的。罐内活性炭吸附 CO_2 达饱和时，用新鲜空气吹洗，使 CO_2 脱附。当一个罐吸附 CO_2 时，另一个罐同时进行脱附。现代的 CO_2 脱除机，用可编程序控制器（PLC）对吸附和再生进行自动控制，并可对整个气调库的各气调间实现自动连续巡回脱除作业。

大中型气调库的输送管道较长。一般采用 UPVC 塑料管粘接，口径在 $70 \sim 110mm$ 范围内。CO_2 脱机再生后的空气中含有大量的 CO_2，必须排至室外。安装 CO_2 脱除机时，输气管道应向气调库倾斜 $1° \sim 3°$，以免冷凝水流到脱除机内，造成活性炭失效。机房内应避免汽油、液化气等挥发性物质。

CO_2 脱除机的选型，必须满足整个气调库脱除 CO_2 的要求，在气调库为 $0 \sim 2℃$ 温度条件下，多数水果 CO_2 的释放量为 $3 \sim 10mg/kg \cdot h$，一座千吨库 24h CO_2 释放量为 $72 \sim 240kg$，可按最大 CO_2 释放量来选择机型。活性炭吸附 CO_2 的量是温度的函数，并与 CO_2 的含量成正比。通常以 $0℃$、体积分数为 3% 的 CO_2 为标准，用其在 24h 内的吸附量作为主要经济技术指标。

3.3.3　乙烯脱除系统

在气调贮藏中，某些对乙烯非常敏感的果品（主要为亚热带、热带水果），如猕猴桃、香蕉等，必须把贮藏条件下的乙烯体积分数脱至阈值以下（一般低至 0.02×10^{-6}）。其他水果如苹果、梨等对乙烯不敏感的果品，气调贮藏可不安装乙烯脱除装置。

目前，在气调冷库中经常采用的方法有高锰酸钾氧化法、高温催化分解法和臭氧式去除乙烯法等。

高锰酸钾氧化法是用高锰酸钾水溶液浸湿多孔材料（如膨胀珍珠岩、膨胀蛭石、氧化铝、分子筛、碎砖块、泡沫混凝土等），然后将此载体放入库内、包装箱或闭路循环系统中，利用高锰酸钾的强氧化性将乙烯氧化脱除。以机砖浸泡高锰酸钾溶液为例，其操作步骤为：选取质地较疏松的红色机砖用水洗净晾干；配制 5%（质量分数）高锰酸钾溶液；将机砖放在溶液中浸泡 10min，捞出砖在溶液桶上方放置数分钟以不滴溶液为止；将机砖放入聚丙烯或不锈钢制的盘中摆放在库内。该方法操作简单方便，费用低，但脱除效率较低，一般用于小型气调库或简易贮藏。

高温催化分解法是利用乙烯高温下的氧化反应去除乙烯；其核心部分是特殊催化剂和变温场电热装置，所用的催化剂为含有氧化钙、氧化钡、氧化锶的特殊活性银等。氧化反应是在一个从外到里能形成 $15 \sim 250℃$ 温度梯度的电热装置内进行的，高温下乙烯在催化剂的作用下与 O_2 反应生成 CO_2 和 H_2O。它能使除乙烯装置的进、出口温度不高于 $15℃$，而装置中心的氧化温度可达 $250℃$。这样既能达到较理想的反应效果，又不会给库房增加明显的热负荷。

此方法与高锰酸钾去除法相比投资费用高，但除乙烯效率高，可将贮藏间内乙烯体积分数控制在（1~5）×10⁻⁶；而且在去除乙烯的同时，还能除掉水果释放的芳香气体，减轻这些气体对水果产生催熟作用的不良影响。

随着气调技术的发展，近年来又研制出臭氧式去除乙烯设备，此方法是利用臭氧的氧化性来分解乙烯以及芳香烃类气体，达到保鲜的效果，臭氧则通过库内 O_2 高频放电来制取。臭氧去除乙烯因为不存在加热，所以不会影响库温；相比于高温催化分解法其成本较低，还可以杀死有害病菌，因此首先在猕猴桃保鲜库中得到了较大的推广。

3.3.4 气调辅助设备

对一个气调库来说，气调系统是气调库的核心。但一座完整的气调库还需要一些辅助设备，主要包括各种气体成分检测设备和控制系统等。

1. 气体检测设备

气体检测仪表主要用来对气调库内 O_2、CO_2、乙烯等气体进行连续检查测量和显示，以确定是否符合气调技术指标要求，并进行自动（人工）调节，确保气体成分处于最佳参数状态。其类型包括奥氏气体分析仪、氧电极氧气测试仪、红外 CO_2 测试仪、乙烯测试仪、综合气体成分测试仪，以及各种可用于气体成分测量的新型传感器等。

气体检测设备分为自动检测控制设备和便携式检测仪两大类。在自动化程度较高的现代气调库中，一般都使用自动检测控制设备，它由气体检测仪，单片微型计算机，显示、控制等电路组成。以 CO_2 为例，系统工作时，气体分析仪检测各库 CO_2 含量并与设定值进行比较，如果库内 CO_2 值大于设定值，则由控制部分发出信号起动 CO_2 脱除机工作，直至与设定值相同时才停机。

便携式检测仪主要用于对各气调库气体参数进行抽样检查，人工控制气调设备的开启转换，也可用于与检控设备互相参照对比。

2. 自动控制设备

气调库在整个贮藏期内都必须精确测量和控制各间库的气体成分。例如，若某间库房测出 O_2 超标，就应开启制氮机充 N_2 降氧，直到 N_2 含量达到工艺参数设定值。如果 CO_2 超标，就应打开这间库的出回气阀门，开启 CO_2 脱除机脱除 CO_2，直至库内 CO_2 达到设定值。

为了提高气调库运行管理的自动化程度，目前国内外气调设备生产企业都设计制造出相应的自动控制设备，使上述工作大部分实现了自动化。用一台计算机可控制 30 间左右气调间，每间气调间都可以按果品的品种设定各自的气调参数，并进行自动巡回检测，每间库每天至少要采样检测六次以上，由于采用较大容量的采样泵，气样的输送距离可达 100m。

3. 加湿器

加湿器主要用于保持气调库内气体湿度，防止果蔬水分蒸发，保持果蔬的含水量。加湿器分为超声波加湿和离心加湿两大类。前者利用超声波技术产生超微粒子，可直接喷雾，扩散蒸发速度快、效果好，但对水质要求高；后者容易产生水滴，但对水质要求不严，用户可根据自身情况选用。

3.3.5 气调贮藏指标的确定

气调库和气调设备是气调的硬件，气调工艺参数则属于软件，没有可靠的参数是不可能达到气调的预期效果的。各种果品气调贮藏要求的温度，湿度，O_2、CO_2、乙烯的含量各不相同，为获得最佳的数据，农、林、商、贸等科研部门、大专院校及气调贮藏单位都进行了大量的研究。由于果品品种繁多，产地各异，每一品种都需要用几种气调参数试验贮存，在长期的气调贮存过程中进行比较、筛选。为此国内外厂商都研制出各种形式气调试验设备，应本着科学适用原则选用。

3.4　气调冷库库房管理

气调库不仅在贮藏条件、库房结构和设备配置等方面不同于普通果蔬冷库，对运行管理方面也要严格得多。不单表现在贮藏阶段，而且还涉及果蔬采后处理的全过程。

3.4.1　气调方式选择

对于果蔬的气调贮藏，应根据具体方式选择合适的气调方式，可根据下列几条原则进行选择：

1）多品种、小批量应选择硅窗薄膜袋或硅窗薄膜大帐进行贮藏。

2）多批进出、整进零出、零进整出应选择硅窗薄膜大帐进行气调贮藏。

3）整进整出、品种单一，应选择整库快速降氧气调。

4）要进行果蔬不同贮藏方式的经济效益比较，选择经济效益高者。

几种常见果蔬的气调贮藏方式如下：蒜薹大都采用硅窗薄膜袋和硅窗薄膜大帐；苹果、梨大都采用整库快速降氧和大帐快速降氧；柑橘、橙等大都采用单个薄膜包装整库气调；西红柿大都采用硅窗薄膜袋和硅窗薄膜大帐等。

3.4.2　库房运行管理

1. 入库工作

在货物进库之前，应检查库内所有的气调设备、冷冻设备和通风设备并做好使用前的准备工作。对于气调库房，应进行清洁、消毒、晾干、通风工作，库房外的走廊、列车、月台、附属车间应符合卫生条件。对于运输工具，冷藏室内的运输工具应达到卫生要求，应区分不同的手推车的使用，运输工具应定期消毒。

货物入库之前应进行检测并分类入库：①异味的货物，如大蒜等，不能和其他货物放在同一间库房，防止货物间串味。②不同冷藏条件的货物不能入同一间库房。③长时间贮藏的货物和短时间贮藏的货物不能入同一间库房。对于变质、腐烂、不符合卫生要求的食品，雨淋或水泡过的蔬果，流汁流水的食品等货物，应禁止入库。对于质量不一、好坏混淆的蔬果，应经过挑选、整理或换包装后再进行入库工作。

为了减少冷耗，货物的出入作业应选择在气温较低的时间运行，如早晨、傍晚、夜间等，出入库作业时集中仓库内的作业量，尽可能缩短作业时间。要使装运的车辆距离库门最近，缩短货物搬运距离，防止隔车搬运。货物进出库及库内操作，要防止运输工具和商品碰撞库门、电梯门、柱子、墙壁和制冷系统管道等工艺设备。为使气调库获得最大的效益，应使冷库迅速装满，迅速冷却。在库房关闭密封前，应做好下列工作：

1）给压力安全装置注水。

2）校正好遥测温度计。

3）检查照明设备。

4）给冲霜排水管水封注水。

5）检查通风管道的密闭件。

2. 运行管理

（1）货物堆垛 库内货物应进行合理的堆装，严格按照规章进行，以保证气流循环良好。长期货物堆放在库内里端，短期货物放在外端，易升温的货物存放在冷风口或排管附近。货位堆垛不得过高，不得阻挡风机通道，不得靠墙体摆放，货物之间需预留通风道。库房要留有合理的过道，便于叉车通过、设备检修、货物质量抽检等。

（2）设备运行

1）快速降氧制氮。在进库果蔬达到设计贮藏量且冷却至最适贮藏温度后，应迅速封库制氮降氧，使果蔬尽早进入气调贮藏状态。若库内形成规定的气调工况所用时间拖长，会影响果蔬的贮藏期。考虑到在降氧的同时也应使 CO_2 的含量尽快升高到所规定的含量，以及库内 CO_2 含量的升高要依靠果蔬的呼吸，所以在封库降氧时，通常将库内空气的 O_2 体积分数从 21% 快速降到比所规定的 O_2 体积分数高出 2%~3%，再利用果蔬的呼吸来消耗这部分过量的 O_2，同时做好运行记录。利用气调设备快速降氧时，应根据果蔬入库的先后顺序，降好一间再降另一间，不必等到所有库房全部装完后再降，否则会引起入库早的果蔬降氧延误。

2） CO_2 的脱除。当库内气体中的 CO_2 体积分数比规定值高出 0.5%~1.0% 时，可用 CO_2 脱除机或碳分子筛制氮机，使库内气体中的 CO_2 含量降至所需求的范围内。

3）氧气的补充。在气调库中贮藏的果蔬，其呼吸会消耗 O_2，使库内气体中的氧含量降低。为了保证不发生缺氧呼吸，必须根据各种货物对氧含量的要求定期补氧。通用的补氧方法是：用一根空气管从库外向库内送入氧含量高的新鲜空气。该空气管上有可供调节的孔，可通过开孔的大小控制库内气体的氧含量。也可用微型离心风机迅速地添加新鲜空气，风机在时间继电器控制下运行。在通风机运行时，也可以将气调门上的检修孔稍微打开，以释放库内压力。一般氧的体积分数补充到 5%~8%。

4）稳定运行。气调库内形成规定的气调工况后，便可认为进入稳定状态。但由于库内果蔬的呼吸、库房的气密性等因素的影响，库内形成的气调工况不可能绝对地保持稳定，这个阶段的主要任务就是使气调库在允许的范围内相对处于稳定状态。按照气调贮藏技术的要求，温度波动的范围应控制在 ±0.5℃ 以内，O_2、CO_2 的体积分数各自维持在 ±1% 的允许波动范围内，乙烯含量控制在允许值以下，相对湿度应保持在 85%~95% 范围内。

5）气体成分分析和校正。每个气调间应设置两处取样的地方，一处供日常测试取样，另一处供校核纠正用。对气调库中的气体成分，每天最少应检测一次，每星期最少应校正一次，每年对气调系统所有管线至少要做一次压力测试。

气调库运行前和运行期间，测氧仪和 CO_2 检测仪应经常进行校核，确保使用仪器的测试准确度，避免因检测失误而造成损失。

6）气调贮藏期间果蔬的质量检测。从果蔬入库到出库，应始终关注贮藏果蔬的质量检测。在气调贮藏期，除了经常从气调门上的小门窗和技术走廊上的观察窗，用肉眼观察果蔬发生的变化，从气调门上的小门窗取出样品检测外，还应定期进库检查。在气调库贮藏的初期，每月进库检查一次；取样检查时，应将果蔬切开，以便了解果蔬内部的变化，并将一部分果蔬样品放置于常温条件下，了解果蔬的变化情况。检测的数据应不断地总结，以丰富气调贮藏的经验。

（3）投产与维修　气调库投产降温及维修升温，必须注意逐渐缓慢地进行，使建筑结构适应温度的变化，以免造成后患。

投产降温要求：气调库各楼层及各房间应同时降温，使主体结构和各部分结构层的温度应力及干缩率保持均衡，避免建筑物出现裂缝。气调库投产前的降温速度每天不得超过3℃。当库房温度降至4℃时，应保持3~4天，以便气调库建筑结构内的游离水分析出，减少气调库的隐患，然后允许以每天不超过3℃的降温速度继续降温，逐步降到设计要求的使用温度。

维修温升要求：气调库在大修或局部停产维修前，必须停产升温。升温前，必须清扫库内的冰霜，以免解冻后积水。在升温过程中，遇有融化的冰霜水，应及时清除；若遇有倒塌危险部分，应先进行处理。升温应缓慢地进行，每日温升不应超过2℃，各库房的温度要保持大致均衡。库温宜升至10℃以上。升温方法必须安全，防止意外事故的发生；局部停产维修升温，更应周密考虑，措施要得当，防止产生凝结水或者形成冻融循环，以及建筑结构因产生不同的温度应力而出现裂缝。

应按照货物的要求进行通风，保证库内合适的 O_2 和 CO_2 含量。根据货物的通风需求控制冷库的换气次数及换气时间。

（4）打开气调库　为了安全起见，在人员进库前，必须用室外新鲜空气对库房进行通风换气若干小时，使库内 O_2 的体积分数升到21%。

（5）围护结构管理　气调库是用隔热材料建成的，具有怕水、怕潮、怕热气、怕跑冷的特性，在使用中应注意维护。

技术走廊和库房的墙、地、门、顶等都不得有冰、霜、水。库内冷风机要及时扫霜、冲霜，以提高制冷效能。冲霜时必须按规程操作，冻结间至少要做到出清一次库，冲一次霜。冷风机水盘内和库内不得有积水。在使用中，不应有损坏围护结构的防水隔汽层现象的发生，严防屋面漏水侵入隔热层。不得用水清洗地面、顶板和墙面，要及时清除库内冰、霜和积水。

气调库使用中要重视日常维护工作，对气调库建筑物的使用状况进行经常性检查，对发现的早期损坏采取可行的技术措施，及时进行修复。表3-2列出了气调库建筑物常见的损坏情况及原因分析。对于损坏比较严重的维修，一般应委托专业技术部门设计和施工。

表 3-2　气调库建筑损坏情况及原因分析

损 坏 现 象	原 因 分 析
墙面局部泛潮，内衬墙面（或护面层）结霜或结冰串花，甚至冻酥脱落	1. 隔热层受潮严重。可能是由于隔热层厚度偏小，隔汽层被损坏、漏水或渗水，防热桥处理已损坏等造成隔热层受潮 2. 隔热材料下沉或脱落，形成此处隔热层空洞
库房顶板潮湿或结冰	屋面漏水，隔汽层损坏或隔热层厚度不足，造成隔热层严重受潮
库内墙面或护面层冻酥脱落	冻融循环严重，砖砌体、水泥砂浆或钢筋混凝土柱板强度标号偏低
外墙下部出现斜裂缝	基础被水浸泡，人工地基处理质量差，未设置地圈梁，墙基础不均匀下沉
外墙在整体式屋面处产生水平裂缝，或转角处产生斜裂缝	屋面未做架空通风层，或未做隔热屋面处理；建筑物总宽度尺寸超长；各房降温不均衡
阁楼屋面的外墙产生水平裂缝及转角处出现垂直裂缝，尤其在西南角处的裂缝比较严重	屋面未做架空通风层或未做隔热屋面处理；阁楼内温度过高；外墙转角处未配置水平钢筋；墙角处在圈梁与库内隔间设置了锚系构件。西南角因受太阳辐射热影响较大，故此角裂缝比其余角处大

（续）

损 坏 现 象	原 因 分 析
库房在停止降温以后,库温回升过快	围护结构隔热性能差,热桥现象严重,冷藏门关闭不严
冷藏门变形越来越大,关闭不严,跑冷严重	冷藏门制作质量差或使用管理不善,密封条不完整,以及其他损坏部分未及时修理,造成恶性发展
加热防冻地面冻胀,地面开裂,造成库内梁柱、板等出现裂缝,内墙损坏等	1. 设计考虑不周,加热防冻措施不当,地下水位偏高 2. 工程质量低劣,水分浸入隔热层,加热防冻系统无法正常运转 3. 使用操作管理不善,未按时对地面进行加热循环,或造成加热循环短路,地面下加热管道系统阻塞等

3.4.3 气调库安全管理

1. 掌握安全知识

1）操作维修人员必须了解气调库内的气体不能维持人的生命，当人员进入气调库工作时，会窒息而死。因而要了解窒息的症状，懂得不同症状的危险程度。

2）操作维修人员必须熟练掌握呼吸装置的使用，装入呼吸器的应是空气（利用空压机或鼓风机）不是纯氧，呼吸面具要用带子绑牢。

2. 安全措施

1）在气密门上安装一个可拆卸的检修门，该门至少宽600mm，高750mm，使背后绑扎呼吸装置的人员可以通过。

2）在靠近库内冷风机处，放一架梯子，以便检修设备时使用。

3）在每扇气密门上书写危险标志，写明"危险——库内气体不能维持人的生命"。

4）至少要准备两套经过检验的呼吸装置。

5）进入气调库修理设备时，至少要有两人，一人进入库内，另一人在观察窗外观察，库内人员不能远离观察人员的视线之外。

参 考 文 献

[1] 时阳，朱兴旺，姬鹏先，等. 冷库设计与管理 [M]. 北京：中国农业科学技术出版社，2006.

[2] 王一农，高润梅. 冷库工程施工与运行管理 [M]. 2 版. 北京：机械工业出版社，2011.

[3] 聂玉强，李明忠. 冷库运行管理与维修 [M]. 上海：上海交通大学出版社，2008.

[4] 李敏. 冷库制冷工艺设计 [M]. 北京：机械工业出版社，2011.

[5] 李援瑛. 小型冷藏库结构、安装与维修技术 [M]. 北京：机械工业出版社，2013.

[6] 谈向东. 冷库建筑 [M]. 北京：中国轻工业出版社，2006.

[7] 宋友山. 冷库安装与维修 [M]. 北京：电子工业出版社，2015.

[8] 邢振禧. 冷库运行管理与维修 [M]. 北京：机械工业出版社，2013.

[9] 邓锦军，蒋文胜. 冷库的安装与维护 [M]. 北京：机械工业出版社，2012.